给心灵洗个澡

清除杂念，做灵魂有香气的自己

滕龙江◎著

黑龙江教育出版社

图书在版编目（CIP）数据

给心灵洗个澡 / 滕龙江著. -- 哈尔滨 : 黑龙江教育出版社, 2017.7
（读美文库）
ISBN 978-7-5316-9524-0

Ⅰ. ①给… Ⅱ. ①滕… Ⅲ. ①人生哲学－通俗读物 Ⅳ. ①B821-49

中国版本图书馆CIP数据核字（2017）第192587号

给心灵洗个澡
Gei Xinling Xigezao
滕龙江 **著**

责任编辑 高　璐
装帧设计 MM末末美书
责任校对 杨　彬
出版发行 黑龙江教育出版社
（哈尔滨市南岗区花园街158号）
印　　刷 保定市西城胶印有限公司
开　　本 880毫米×1230毫米　1/32
印　　张 7
字　　数 140千
版　　次 2018年1月第1版
印　　次 2018年1月第1次印刷

书　　号 ISBN 978-7-5316-9524-0　　**定　　价** 26.80元

黑龙江教育出版社网址：www.hljep.com.cn
如需订购图书，请与我社发行中心联系。联系电话：0451-82533097　82534665
如有印装质量问题，影响阅读，请与我公司联系调换。联系电话：010-64926437
如发现盗版图书，请向我社举报。举报电话：0451-82533087

前言
preface

随着生活节奏的加快，现代人的生活与工作压力非常大，而且不知道如何缓解、释放，甚至导致精神崩溃，这样的现象并不少见。

在重压之下，我们很难找到心理上的平衡点，以致迷失了自我。多少人感叹活得苦、活得累、活得不容易，一身疾病，一世苦闷，往往遗憾多于自豪；有的人甚至只剩下空空的躯壳而丧失了灵魂，又或者金银满箱而内心十分孤独、空虚；有的人自怨自艾，总是羡慕别人活得开心……

人的一生中，财、色、利、贪、懒，时时刻刻都潜伏在我们的周围，像看不见的灰尘一样无孔不入。时间长了，不去清洗，人的心灵就会积攒厚厚的一层灰尘，理智因此被蒙蔽，善良也因此被遮盖，纯真亦因此而不可复见。

只有定期打扫和洗涤自己的心灵，清除心灵的垃圾，才不会使心灵积满灰尘，才能更好地工作和生活，才能更好地享受工作的快乐和生活的幸福。

一位猎人到森林去打猎，所有的动物都在逃命，有两只鸽子藏在枝叶茂密的树上，其中一只说："我们飞吧，再不飞我们就可能被猎人发现，会被猎人杀死的。"另一只说："静静地躲在这儿别动。"可那只鸽子没有听伙伴们的话，扇动着翅膀飞了起来，树叶的沙沙作响引起了猎人的注意，那只鸽子刚飞到空中，猎人就发现了它，将它打死了。

这个小故事告诉我们不管遇到什么事，心态要放平，冷静去面对困难，要清除种种不良的心灵垃圾。比如：猜疑、抱怨、愤怒……因此我们要天天清除心灵上的垃圾，增强判断力，不要因为这些心灵的垃圾干扰了自己，否则后果会和这只鸽子一样。

本书采用大量经典故事，深入浅出地阐述人生哲理，具体介绍了如何积极调整心态、学会取舍和善待自己，从而从容应对重压之下的失衡，找回心灵的那片净土！生动的故事，隽永的哲理，似涓涓细流，在你的心田缓缓流淌，渗透在你生命的每一个脚步中，使你获得心灵的洗礼，在品味中得到智慧与快乐的启迪和感悟。它们将为你照亮人生的迷途，让你的心灵散发出的每一缕清香在尘世间悠悠流转，让你的心灵永远纯净如昔，让你的人生境遇变得更加顺达。

人生在世有太多痛苦与欢笑，掬一把清水给心灵洗个澡。

给心灵洗个澡，摒弃心中的杂念，给灵魂一个喘息的机会；

给心灵洗个澡，换个心态经历人生，踏上坦荡的命运之旅；

给心灵洗个澡，给梦想和希望插上翅膀，让它带领自己越飞越高……

目录 contents

Part05 走出心灵的城堡，静候命运的日出

Part06 拓宽心灵的宽度，拓展人性的高度

Part01

洗涤心灵的尘埃，活出全新的自己

浮华红尘中，有很多的诱惑迷惑着我们的欲望和心智，名誉、金钱、地位等各种诱惑让我们还不够坚定的心难得宁静，天长日久，我们的心蒙上一层厚厚的灰尘，背负了沉重的包袱。我们被痛苦和负累包裹着，渐渐失去了往日的光泽，生活也失去了昔日的快乐。

蒙尘的心，会变得灰暗和迷茫。心灵的房间，不洗涤就会落满灰尘。放下心中的欲望，卸去心头的重负，给自己的心灵洗个澡吧！清洗心灵的灰尘，心才能变得明澈亮堂，生活才会永远阳光、快乐！

欲望太盛吞噬心灵的光泽

人，生而有欲。这欲望包括贪欲、报复欲、懒欲、自私欲、好利欲、好权欲、征服欲……欲望是人的本性，是人生活的方向，是社会发展的动力。但是千万别忘了，欲望是把双刃剑，一半是天使，一半是恶魔，是画分善恶的起点，是痛苦和快乐的源泉。

欲望是人前进的动力。可是我们在欲望的驱使下，在前进的同时，也要知道量力而为、适可而止。不然，欲望发展至贪婪成性，就会在欲望中沉沦，迷失方向，走向绝望。

对于我们来说，有些欲望是自然的，另一些欲望则是无益的；在自然的欲望之中，有些是必需的，而另一些纯属自然而已；在必需的欲望之中，有些是幸福之所需，有些是身体安康之所需，而另一些只在维持生计……

人不能没有欲望，不然就会失去前进的动力，但人却不能有贪婪，因为贪欲是个无底洞，你永远也填不满。苏联教育家马卡连柯曾经说过："人类欲望本身并没有贪欲，如果一个人从烟雾弥漫的城市里来到一个松树林里，呼吸到清新的空气，非常高兴，谁也不会说他消耗氧气是过于贪婪。贪婪是从一个人的需要和另一个人的需要发生冲突开始的，是由于必须用武力、狡诈、盗窃，从邻人手中把快乐和满足夺过来而产生的。”古希腊《伊索寓言》也告诉人们：“贪婪往往是祸患的根源。”“那些因贪图更大的利益而把手中的东西丢弃的人，是愚蠢的。”

世上没有比永不知足的欲望而更大的灾祸了。如果我们任由欲望的驱使，无穷无尽地追求一切，那么欲望就成了无底洞，就会吞噬我们的心灵，毁掉我们的人生。

其实，无论是拥有巨额财富，还是荣誉，还是芸芸众生的仰慕，或任何导致无穷欲望的身外之物，都无法了却心灵的烦扰，更不能带来真正的快乐……我们不可悖逆天性，而应顺性而为。懂得适可而止的人，才能怀一颗平常善良之心；才能淡泊名利，对他人宽容；才能对生活不挑剔，不苛求，不怨恨。

给心灵洗个澡

苦恼往往源于无益的毫无节制的欲望，源于自我折磨。倘若一个人能克制欲望，他便为自己赢得了彻悟人生的至福。

贪婪让心蒙上了沉重的灰尘

贪婪的人，被欲望牵引，欲望无边，贪婪无边。

贪婪的人，是欲望的奴隶，他们在欲望的驱使下忙忙碌碌，不知所终。

贪婪的人，常怀有私心，一心算计，斤斤计较，却最终一无所获。

一个穷人会缺很多东西，但是，一个贪婪者却是什么都会缺！

贫穷的人只要一点东西，就可以感到满足，奢侈的人需要很多东西也可满足，但是贪婪的人却需要一切东西才能满足。所以贪婪的人总是不知足，他们天天生活在不满足的痛苦中，贪婪者想得到一切，但最终两手空空。

有一则寓言。

上帝在创造蜈蚣时，并没有为它造脚，但是它们可以爬得和蛇一样快速。有一天，它看到羚羊、梅花鹿和其他有脚的动物都跑得比它还快，心里很不高兴，便嫉妒地说："哼！脚愈多，当然跑得愈快！"

于是，它向上帝祷告说："上帝啊！我希望拥有比其他动物更多的脚。"

上帝答应了它的请求。他把好多好多脚放在蜈蚣面前，任凭它自由取用。

蜈蚣迫不及待地拿起这些脚，一只一只地往身上贴去，从头一直贴到尾，直到再也没有地方可贴了，它才依依不舍地停止。

它心满意足地看着满身是脚的自己，心中暗暗窃喜：“现在，我可以像箭一样地飞出去了！”但是，等它开始要跑步时，才发觉自己完全无法控制这些脚。这些脚噼哩啪啦地各走各的，它得全神贯注，才能使一大堆脚不致互相绊跌而顺利地往前走。这样一来，它走得比以前更慢了。

任何事物都不是多多益善，蜈蚣因为贪婪，想拥有更多的脚，结果却适得其反，脚却成了束缚它行动的绳索，代价可谓惨重。

《圣经》上曾经说过，如果你得到的是整个世界，而丧失了自我的生命，那么，你也得不偿失。因贪婪得来的东西，永远是人生的累赘。贪婪，轻则让人丧失生活的乐趣，重则误了身家性命。生活的压力越来越大，脸上的笑容越来越少，这或许便是贪婪的代价。

为了让生活充满快乐，丢掉贪婪的包袱吧！人生苦短，让我们潇洒走一回吧！

给心灵洗个澡

不贪图身外之物，是超越世俗的大智大勇，也是放眼未来的豁达襟怀。做到这一点，我们就会活得轻松，过得自在，遇事想得开，放得下。

一个人的土地有多大

这是一个极具诱惑力的社会，这是一个欲望膨胀的年代，人们的心里总是塞满了欲望和奢求，追名逐利的现代人，总是奢求穿要高档名牌，吃要山珍海味，住要乡间别墅，行要宝马香车。一切都被欲望支配着。

法国杰出的启蒙哲学家卢梭曾对物欲太盛的人作过极为恰当的评价，他说："十岁时被点心、二十岁被恋人、三十岁被快乐、四十岁被野心、五十岁被贪婪所俘虏。人到什么时候才能只追求睿智呢？"的确，人心不能清净，是因为欲望太多，没有家产想家产，有了家产想当官，当了小官想大官……精神上永无宁静，永无快乐。

伟大的作家托尔斯泰曾讲过这样一个故事：有一个人想得到一块土地，地主就对他说，清早，你从这里往外跑，跑一段就插个旗杆，只要你在太阳落山前赶回来，插上旗杆的地都归你。那人就不要命地跑，太阳偏西了还不知足。太阳落山前，他是跑回来了，但人已精疲力竭，摔个跟头就再没起来。于是有人挖了个坑，就地埋了他。牧师在给这个人做祈祷的时候说："一个人要多少土地呢？就这么大。"

人生的许多沮丧都是因为你得不到想要的东西。其实，我们辛辛苦苦地奔波劳碌，最终的结局不都是只剩下埋葬我们身体的那点土地吗？伊索说得好："许多人想得到更多的东西，却把现在所拥有的也失去了。"这可以说是对得不偿失的最好诠释了。

其实，人人都有欲望，都想过美满幸福的生活，都希望丰衣足食，这是人之常情。但是，如果把这种欲望变成不正当的欲求，变成无止境的贪婪，那我们就无形中成了欲望的奴隶了。在欲望的支配下，我们不得不为了权力、为了地位、为了金钱而削尖了脑袋向里钻。我们常常感到自己非常累，但是仍觉得不满足，因为在我们看来，很多人比自己的生活更富足，很多人的权力比自己大。所以我们别无出路，只能硬着头皮往前冲，在无奈中透支着体力、精力与生命。

扪心自问，这样的生活，能不累吗？被欲望沉沉地压着，能不精疲力竭吗？静下心来想一想，有什么目标真的非让我们实现不可，又有什么东西值得我们用宝贵的生命去换取？

让我们斩除过多的欲望吧，将一切欲望减少再减少，从而让真实的欲求浮现。这样，你才会发现真实、平淡的生活才是最快乐的。拥有这种超然的心境，你做起事来就能不慌不忙，不躁不乱，井然有序，面对外界的各种变化不惊不惧、不愠不怒、不暴不躁，而对物质引诱，心不动，手不痒。

心灵没有欲望杂念的烦恼，没有功名利禄的拖累，我们就会活得轻松，过得自在。白天知足常乐，夜里睡觉安宁，走路感觉踏实，蓦然回首时没有遗憾。

给心灵洗个澡

人生好像一条河，有其源头，有其流程，有其终点。不管生命的河流有多长，最终都要到达终点，流入海洋，人生终有尽头。活着的时候，少一点欲望，多一点快乐，有什么不好呢？

五分硬币和十分硬币

美国第九位总统威廉·亨利·哈里森小时候曾有一段时间被人认为很傻。为什么呢？邻居们做过这样的试验：拿出一个五分的硬币和一个十分的硬币，让小哈里森从里头挑一个，小哈里森每次都拿那个五分的。每次都屡试不爽，大家均以此为乐。

一个外地人路过此地，听说这件事后，感到很奇怪，于是亲自试验了一回，果然和大家说的一样。外地人仔细观察小哈里森的言行后，拍拍他的肩膀笑着说："小朋友，你一点也不傻，你很聪明。"小哈里森也笑了。外地人没有再说什么就走了，邻居们都感到有些纳闷。

后来，终于有人想明白了为什么：如果小哈里森拿了十分的硬币，下次就不会有人去做这样的试验了，他每次五分的收入就将终止。小哈里森原来是弃眼前的小利来保留长远的利益，小小年纪，就有这样的长远眼光，可真了不起！邻居们都赞叹不已。

一个人在成功的道路上要能走远，首先他得站得高，看得远。只有看得长远，他才能对自己以后要做的事情心里有底，才知道自己行进的方向，以及需要为此采取什么样的行动。

眼光长远的人往往不容易被眼前的得失所迷惑。有很多成功人士的例子都说明了这一点。他们有的面临着金钱的诱惑，有的经历了困境的阻挠，但他们往往能够执着于自己的梦想，从而摆脱眼前利益的诱惑，冲破困境的束缚。因为他们能够很清楚地看到未来的图景，所以他们能意志坚定，矢志不移。

短视者只能迎接失败，即使他们曾经拥有过很优越的条件。他们往往被眼前的利益所迷惑，在透支享受今天的同时，忘记或忽略了给明天播种，最后只能被明天抛弃。

眼前的利益或许更具诱惑力，但你必须知道有所失才能有所得，也许你暂时地失去了眼前的利益，但是你却能在未来的日子里收获甚丰。

所以，眼光长远的人往往能走在时代的前沿。他能看见别人所不能看见的东西，掌握事态发展的未来趋势，因而能先行一步。在我们这个竞争日趋激烈、创业变得很艰难的时代里，这是成功不可或缺的元素。

给心灵洗个澡

人最容易被眼前利益所迷惑，而失去了长远利益。不要被微小的成就所诱惑，因为那样会使你安于微小。

洗涤心灵的污染

我们都有清理打扫房间的体会，每当整理完自己最爱的书籍、资料、照片、唱片、影碟、画册、衣物后，你会发现：房间原来这么大，这么清亮明朗！自己的家更可爱了！

其实，心灵的房间也是如此，如果不把污染心灵的废物一块一块清除，势必会造成心灵垃圾成堆，而原来纯净无污染的内心世界，亦将变成满池污水，让你变得更贪婪、更腐朽、更不可救药。

一个人，在尘世间走得太久了，心灵无可避免地会沾染上尘埃，使原来洁净的心灵受到污染和蒙蔽。心理学家曾说过："人是最会制造垃圾污染自己的动物之一。"的确，清洁工每天早上都要清理人们制造的成堆的垃圾，这些有形的垃圾容易清理，而人们内心中诸如烦恼、欲望、忧愁、痛苦等无形的垃圾却不那么容易处理了。因为，这些真正的垃圾常被人们忽视，或者出于种种的担心与阻碍不愿去扫。譬如，太忙、太累，或者担心扫完之后必须面对一个未知的开始，而你又无法确定哪些是你想要的。万一现在丢掉，将来想要时却又捡不回来，怎么办？

对于这一点，古代的圣者先贤看得很清楚。圣者认为："无欲之谓圣，寡欲之谓贤，多欲之谓凡，纵欲之谓狂。"圣人之所以为圣人，就在于他心灵的纯净和一尘不染，凡人之所以是凡人，就在于他心中的灰尘太多，而他自己还蒙昧不知。所以，圣人了悟生死，看透名利，继而清洗心中的灰尘，让自己纯净的心灵重新显现。

清洗心灵的污染，就要做到心无挂碍，心存简单，不要让太多的欲望纠缠心灵，使自己终日惶惶不安地迷失在自己制造的种种需求中，在物欲的罗网里苦苦挣扎。

清洗心灵的污染，就不要让太多的灰尘蒙蔽自己的心智，不要让太多的名利思想遮去心头灿烂的阳光，不要让太多的欲望不停地抽动生活的陀螺。

我国古代僧人曾作一偈："身是菩提树，心如明镜台。时时勤拂拭，勿使惹尘埃。"心如明镜，纤毫毕见，洞若观火，那身无疑就是"菩提"了。但前提是"时时勤拂拭"，否则，尘埃厚厚，似茧封裹，心定不会澄碧，眼定不会明亮了。繁忙的生活中，我们要记得时常给自己心灵来一次扫除、清洗，让心灵重新变得明亮、轻松起来。

给心灵洗个澡

在人生道路上，唯有洗净心灵的污染，才能避免自己的心智受到欲望和世俗观念的迷惑，才有可能避免误入阻碍我们成熟的岔路，陷入歧途。我们应当时常对自己的心灵进行洗涤，从而为内心的宁静带来一次次飞跃。

拂拭心灵的灰尘

你一定有过年前大扫除的经验吧。当你一箱又一箱地打包时，是不是惊讶自己在过去短短几年内，竟然累积了那么多的东西？你是不是懊悔自己为何事前不花些时间整理，淘汰一些不再需要的东西，否则，今天就不会累得你连背脊都直不起来？

大扫除的懊恼经验，让很多人懂得一个道理：人一定要随时清扫心灵中过多的累赘，洗涤心灵中不必要的“灰尘”，让心灵变得明朗起来，让生活变得轻松起来。

人生又何尝不是如此！在人生路上，每个人是不是在不断地累积东西？这些东西包括你的名誉、地位、财富、亲情、人际、健康、知识等等；另外，当然也包括了烦恼、忧闷、挫折、沮丧、压力等等。这些东西，有的早该丢弃而未丢弃，有的则是早该储存而未储存。

漫漫人生，要定期对自己的心灵进行清除，除去心灵中的累赘和负担。

1. 对那些会拖累你的东西，必须立刻放弃。

心灵扫除的意义，就好像是生意人的“盘点库存”。你总要了解仓库里还有什么，某些货物如果不能限期销售出去，最后很可能会因积压过多拖垮你的生意。因此，你必须及时清除心灵中不必要的东西。

在人生诸多关口上，我们几乎随时随地都得做“清扫”。念书、出国、就业、结婚、离婚、生子、换工作、退休……每一次清扫，都迫使我们不得不“丢掉旧的你，接纳新的你”，把自己重新“扫”一遍。

2. 给生命留够发展的空间。

有一个作家和一群好友准备去探险。当时，正逢要去的地方遭受严重旱灾。在旅途中，作家随身带了一个厚重的背包，里面塞满了餐具、切割工具、挖掘工具、衣服、指南针、观星仪、护理药品等。作家对自己的背包很满意，认为已为旅行做好了万全的准备。

一天当地的向导检观完作家的背包之后，突然问了一句：“这东西让你感到快乐吗？”作家愣住了，这是他从未想过的问题。他开始问自己，结果发现，有些东西的确让他很快乐，但是，有些东西实在不值得他背着它们，走了那么远的路。

作家决定取出一些不必要的东西送给当地村民。接下来，因为背包变轻了，他感到自己不再有束缚，旅行变得更愉快。他因此得到一个结论：生命里填塞的东西愈少，就越能发挥潜能。从此，他学会在人生各个阶段中定期解开包袱，随时寻找减轻负担的方法。

生命的进行就如同参加一次旅行。你可以列出清单，决定背包里该装些什么才能帮你到达目的地。但是，记住，在每一次停泊时都要清理自己的口袋：什么该丢，什么该留，把更多的位置空出来，让自己活得更轻松、更自在。

给心灵洗个澡

问自己一个问题：我是不是每天都忙忙碌碌，把自己弄得疲惫不堪，以至于总是没能好好静下来，给自己的心灵做下“清扫”，清除那些不必要的“灰尘”？

清扫心灵的垃圾

《王阳明全书》里记载了这样一个故事：有一个名叫杨茂的人，他是个聋哑人，阳明先生不懂得手语，只好跟他用笔谈，阳明先生首先问："你的耳朵能听到是非吗？"答："不能，因为我是个聋子。"问："你的嘴巴能够讲是非吗？"答："不能，因为我是个哑巴。"又问："那你的心知道是非吗？"但见杨茂高兴得不得了，指天画地回答："能！能！能！"

于是阳明先生就对他说："你的耳朵不能听是非，省了多少闲是非；口不能说是非，又省了多少闲是非；你心知道是非就够了。"倒有许多人，耳能听是非，口能说是非，眼能见是非，心还未必知道是非呢！

我们有很多的是非，都是听来的，人家第一句话，就叫你暴跳如雷，第二句话就叫你泪流成河，那人家岂不成了导演，而我们也就当了演员。还有很多的是非，都是说出来的，所谓"病从口入，祸从口出"。哪怕两片薄薄的嘴唇，都会把人间搞得乌烟瘴气，鸡犬不宁。可见很多的是非都是听来的，都是说出来的。

你痛苦就是因为你太执着，看不开、也放不下，自然把自己给绑死了，而不得解脱，若能看开了放下了就不至于如此。

如何创造幸福人生呢？所以用创造而不用追求，因为创造主权在我，要，就可以得到；而追求，往外追、往外求，万一追不到、求不得，烦恼还是要来的。

所以用创造，而不想用追求。快乐幸福才是真的，学问大、名位高、财富多，也是为了快乐。假如钱很多很多而不快乐，那个钱宁可不要。假使你拥有了一切，而丧失了自己，那是非常痛苦的，这叫本末倒置，舍本逐末，效果不彰。所以快乐、幸福非常重要。

快乐是要自己快乐，让别人来分享你的快乐，每天早上垃圾车来把垃圾全部带走，有形垃圾容易处理，无形的垃圾最难处理。什么是真正的垃圾呢？怨、恨、恼、怒、烦，这才是真正的垃圾，假若今天你把这些垃圾，请垃圾车全部带走，你今天就没有垃圾了。也就是说，只要你每天清扫心灵的垃圾，你就能得到幸福和快乐。

给心灵洗个澡

人的一生，就像一趟旅行，沿途中有数不尽的坎坷泥泞，但也有看不完的春花秋月。如果我们的一颗心总是被灰暗的风尘所覆盖，干涸了心泉、黯淡了目光、失去了生机、丧失了斗志，我们的人生轨迹岂能美好？

放下心灵的包袱

一个青年背着个大包裹千里迢迢跑来找无际大师，他说：“大师，我是那样地孤独、痛苦和寂寞，长期的跋涉使我疲倦到极点；我的鞋子破了，荆棘割破双脚；手也受伤了，流血不止；嗓子因为长久的呼喊而喑哑……为什么我还不能找到心中的阳光？”

大师问：“你的大包裹里装的什么？”青年说：“它对我可重要了。里面装的是我每一次跌倒时的痛苦，每一次受伤后的哭泣，每一次孤寂时的烦恼……靠着它，我才能走到您这儿来。”

于是，无际大师带青年来到河边，他们坐船过了河。上岸后，大师说：“你扛了船赶路吧！”“什么，扛了船赶路？”青年很惊讶：“它那么沉，我扛得动吗？”“是的，孩子，你扛不动它。”大师微微一笑，说：“过河时，船是有用的。但过了河，我们就要放下船赶路，否则，它会变成我们的包袱。痛苦、孤独、寂寞、灾难、眼泪，这些对人生都是有用的，它能使生命得到升华，但须臾不忘，就成了人生的包袱。放下它吧！孩子，生命不能太负重。”

青年放下包袱，继续赶路，他发觉自己的步子轻松而愉悦，比以前快得多。原来，生命是可以不必如此沉重的。

经历是一笔财富，但它有时也会成为生命不能承受之重。所以要懂得放手，丢掉那些失败、哭泣、烦恼，轻轻松松上路，才能越走越快，越走越欢愉。

给心灵洗个澡

生命是一艘船，需要不断地精简装备，该放手时就放手，才能轻松前进，收获更多。

心要拿得起，更要放得下

佛陀住世时，有一位名叫黑指的婆罗门来到佛前，运用神通，两手拿了两个花瓶，前来献佛。

佛对黑指婆罗门说："放下！"

婆罗门把他左手拿的那个花瓶放下。

佛陀又说："放下！"

婆罗门又把他右手拿的那花瓶放下。

然而，佛陀还是对他说："放下！"

这时黑指婆罗门说："我已经两手空空，没有什么可以再放下了，请问现在你要我放下什么？"

佛陀说："我并没有叫你放下你的花瓶，我要你放下的是你的六根、六尘和六识。当你把这些统统放下，再没有什么了，你将从生死桎梏中解脱出来。"

黑指婆罗门才了解佛陀放下的道理。

"放下！"这是非常不容易做到的，吾人有了功名，就对功名放不下；有了金钱，就对金钱放不下，有了爱情，就对爱情放不下；有了事业，就对事业放不下。

我们在肩上的重担，在心上的压力，岂止手上的花瓶？这些重担与压力，可以说使人生活过得非常艰苦。必要的时候，佛陀指示的“放下”，不失为一条幸福解脱之道！

我们常说“拿得起，放得下”，其实，所谓“拿得起”，指的是人在踌躇满志时的心态，而“放得下”，则是指人在遭受挫折或者遇到困难或者办事不顺畅以及无奈之时应采取的态度。一个人来到世间，总会遇到顺逆之境、迁调之遇、进退之间的各种情形与变故。范仲淹说：“不以物喜，不以己悲。”有了这样一种心境，就能对大悲大喜、厚名重利看得很小很轻很淡，自然也就容易“放得下”了。

给心灵洗个澡

拿得起，放得下，心灵就会轻松，心胸自会坦然，生活就会自在，人生就会舒畅。

人生的加减法

有时，人生需要加法，追求名利、追求知识、追求成功、追求富贵都没有错。

但有时也需要用减法，远离名利、看淡成败、安于淡泊。宋代林逋在《省心录》中说："饱肥甘、不知节者损福；广积聚、骄富贵不知止者杀身。"

在我看来，老子和林逋这两位智者劝导人们要知足、节制、知止，其实质上就是说人生需要减法，要学会选择，要懂得放弃。

减法人生使人更能清醒科学地悟透人生的内涵，合理安排人生的进退取舍，有所为、有所不为，使人生不至于走向极端，从而使人生更充满活力，更健康、更有利于社会，进而使人更有意义。

有一个人在一家事业单位工作，他知识渊博，工作很出色，曾被领导派出去深造。他的奋斗目标是当单位的一把手，在各个方面都做着积极努力，似乎势在必得。

可有一天，在竞争中，他没有如愿，巨大的精神压力使他变成了精神分裂症患者，常常莫名其妙地哭哭笑笑，有时唱歌不止。一个优秀的人才就这样变成了废人。

实践人生减法可使人生免灾，这样的例子实在不少。

范蠡、文种帮越王勾践复国雪耻灭了吴国，范蠡功成身退，做买卖去了。他曾劝文种离开，可文种还是迷恋于功名，不听范蠡之言，不懂得放弃，最后被勾践所杀。古代官场黑暗，人人自危，功成身退，只是寻求自保而已，不足为训。但“不贪为宝”这话却是至理名言。不贪包括不贪权、不贪财、不贪色等。纵观当今一些步入人生险滩的贪官们，大多贪权、贪财、贪色，机关算尽太聪明，反误了卿卿性命。

给心灵洗个澡

人生即哲学，刻意追求本不该属于自己的东西，往往会适得其反，失去自己原本拥有的东西。该得则得，该放就放，一张一弛乃人生一大智慧。

清空心灵，生命焕然一新

有一个扫地和尚的故事，说的是一座县城里，有一位老和尚，每天天刚亮的时候就开始扫地，从寺院扫到寺外，从大街扫到城外，天天如此，小城里的年轻人从小就看见老和尚在扫地。那些做了爷爷的，从小也看见这个老和尚在扫地。老和尚虽然很老很老了，就像一株古老的松树，不见它再抽枝发芽，可也不见其衰老。

有一天老和尚坐在蒲团上，安然圆寂了，可小城里的人谁也不知道他活了多少岁。过了若干年，一位长者走过城外的一座小桥，见桥石上镌着字，字迹大都磨损，老者仔细辨认，才知道石上镌着的正是那位老和尚的传记。根据老和尚遗留的度牒记载推算，他享年137岁。

据说老和尚在世时，有一位将军在这小城扎营，突然起意要放下屠刀，恳求老和尚收他为佛门弟子。这位将军丢下他的兵丁，拿着扫把，跟在老和尚的身后扫地。老和尚心中自是了然，对着他唱了一首歌：

扫地扫地扫心地，
心地不扫空扫地。

人人都把心地扫，

世上无处不净地。

有人说这是传说，也有人说这是真事，但有无此事并不重要。这个故事能使人彻悟打扫心地的要义：心明清净才是人生智慧的提炼和升华。

每过一段时间，我们都要清理一番家里的物品，有保存价值的留下，估计意义不大的把它们卖掉，甚至干脆扔进垃圾桶。这种清理让人感到无比快乐，每做一次，就有一种又丢掉了一个包袱的感觉，那种无法按照自己的意愿设计生活的压抑感也会一扫而空。

人的心灵也像一个家，它的容量是限定了的，不管你名气多大，职位有多高，也不管你拥有多少金银财宝，你都无法突破这种限定。而人生一世，难免有挫折、失败、不幸，难免有痛苦、寂寞、孤独，这些东西就像旧书报和废手稿一样，它们于你的人生毫无用处，却侵占了大量的生命空间，如果不及时清理它们，它们就会慢慢地膨胀，让我们的心灵变成了一个生活的垃圾坑。

清空心灵，就是要清空世俗生活积存的灰尘污垢；清空心灵，就是要收获未来的光荣与辉煌；清空心灵，就是要最大限度地获得生命的自由、独立。

给心灵洗个澡

清扫了心灵的垃圾，心灵就会焕然一新；清空了心灵，我们也就有了让生命再次远行的条件。

高贵的心灵，不沉的方舟

像行驶在滚滚江河里的航船无法躲避浊流和漩涡一样，我们的心灵在现实的生活里也无法躲避庸俗的缠绕；曾经有多少燃烧着渴望卓越之火的灵魂，却在人生的岁月里被庸俗的浪花溅湿了理想的柴薪，窒息了进取的烈焰。然而，那些无论在任何境况下都不愿失去自己高贵心灵的追求者，却乘着永不沉没的生命方舟扬帆前进，任凭那庸俗的浊流在舟底暴涨翻卷，也只能将那些沙尘埃土、腐枝败叶吞没。

高贵的心灵也许并不鄙视庸俗，就像雍容典雅的兰花不会鄙视善于献媚邀宠的月季，但高贵的心灵绝不会在庸俗的泥淖中沉沦。

高贵的心灵也许会在岁月里与庸俗乘坐同一班列车，就像美丽的天鹅与丑陋的野鸭，在迁徙的途中会在同一个湖泊里歇息，但细细地倾听那湖面上晚风送来的阵阵夜歌里，恐怕没有一个人会把天鹅动听的声音当成嘶哑的鸭鸣。

高贵的心灵也许会与庸俗穿着同样色彩和款式的衣服，就像同一条藤上开放的争奇斗艳的花朵。但庸俗却如那随风飘落后陷于虚空的谎话，而高贵的心灵却是硕果累累。

高贵的心灵也许会常常被庸俗所嘲笑，就像不修边幅的大学者常常会受到披金戴银、衣冠楚楚者的鄙视一样。但高贵的心灵不会去作任何寻求廉价赞美的努力，而是在庸俗的嘲笑里保持着自己的清醒和独立。

高贵的心灵根植于生命的大智大慧，而庸俗却产生于愚昧无知；高贵的心灵常常感受到自己的卑微，因此，他总是养护好自己胸中的浩然之气以保持自己人格的完整，而庸俗却处处表现着自己的不可一世的自大和鸡鸣狗盗般的“小聪明”……

几千年前，当有人拿一块硕大明洁的美玉去贿赂宋国的宰相子罕时，遭到子罕的拒绝。贿赂者以为子罕不识货，就对他说：“这块玉可是经过玉匠鉴定过的价值连城的稀世之宝啊！”子罕却掷地有声地答道：“我以不贪为宝，而你以玉这宝，我们俩都应该各安其宝啊！”好一个“以不贪为宝”，这不正体现着一个人的高贵心灵吗？在这样高贵的心灵面前，天下任何财宝都为之黯然！

高贵的心灵之所以高贵，正是因为它虽被庸俗所包围或缠绕，但却不会被庸俗所污染。

高贵的心灵是永不沉没的人性的方舟，任凭庸俗的流水泛滥横溢，它永远都将保持住自己的高度！

给心灵洗个澡

拥有一颗高贵的心灵就能使我们在浊流与漩涡中“长风破浪会有时，直挂云帆济沧海”。拥有一颗高贵的心灵就能使我们在世俗中“壮怀不逐秋容变，一任潇潇雨满帘”。我们要时刻拥有一颗高贵的心灵，无论处在何种环境中都能保持那份纯洁，而不被世俗所染。

Part02

拔除心灵的杂草，散发生命的芬芳

美慕、攀比、苛求、埋怨、自卑、悲叹……我们心灵的花园会时不时长出几株杂草来。这些杂草如果不被及时拔除，就会侵蚀整个心灵，让我们难得片刻的宁静和快乐。

每个人的心灵都是一座独特的花园，我们自己就是这座花园的常年园丁，你在里面播种什么，就会收获什么。我们要做一个心灵的园丁，拔掉心灵里的杂草，栽种美丽的花朵，营造一个风光、芳香四溢的心灵花园。

黑色的氢气球

美国著名心理医生基恩博士常跟病人讲起他小时候经历过的一件触动心灵的事：

一天，几个白人小孩正在公园里玩，这时，一位卖氢气球的老人推着货车进了公园。白人小孩一窝蜂地跑了过去，每人买了一个，兴高采烈地追逐着放飞在天空中的色彩艳丽的氢气球。

在公园的一个角落躺着一个黑人小孩，他羡慕地看着白人小孩在嬉笑，他因为自卑不敢过去和他们一起玩。

白人小孩的身影消失后，他才怯生生地走到老人的货车旁，用略带恳求的语气问道："您可以卖一个气球给我吗？"老人用慈祥的目光打量了一下他，温和地说："当然可以，你要一个什么颜色的？"小孩鼓起勇气回答说："我要一个黑色的。"脸上写满沧桑的老人惊诧地看了看黑人小孩，旋即给了他一个黑色的氢气球。

黑人小孩开心地拿过气球，小手一松，黑色气球在微风中冉冉升起，在蓝天白云的映衬下形成了一道别样的风景。

老人一边眯着眼睛看气球上升，一边用手轻轻地拍了拍黑人小孩的后脑勺，说："记住，气球能不能升起，不是因为它的颜色、形状，而是气球内充满了氢气。"

那个黑人小孩便是基恩。

一个人的成败不是因为种族、出身，关键是你的心中有没有自信。

给心灵洗个澡

也许你不是出身豪门，从而失去了享受荣华富贵的机会，这并不是最重要的，最重要的是不因出身寒微而失去自信。

世上本无事，庸人自扰之

佛教第二代传人慧可曾向达摩祖师诉说他内心的不安，希望达摩祖师能帮他把心静下来。达摩祖师让他拿心来，才肯替他安心。慧可找了半天回答说没找到，达摩祖师说："给你安心竟然没有找到。"

真的，心在哪里呢？心都不可得，哪里还有可得的烦恼？心是烦恼的关键。现代人的心中充满了各种杂念，整天患得患失，自然会有烦恼。一个为追求名利而苦恼的人，是因为他的心不肯停止追求，才会苦恼；一个为失恋而痛苦的人，只是因为他不肯放弃失去的爱，痛苦就成了必然的结果。正如高尔基所说："对一个人来说，最大的痛苦莫过于心灵的沉默。"

一个年轻人四处寻找解脱烦恼的秘诀。他见山脚下绿草丛中一个牧童在那里悠闲地吹着笛子，十分逍遥自在。

年轻人便上前询问："你那么快活，难道没有烦恼吗？"

牧童说："骑在牛背上，笛子一吹，什么烦恼都没有了。"

年轻人试了试，烦恼仍在。

于是他只好继续寻找。

他来到一个小河边，见一老翁正专注地钓鱼，神情怡然，面带喜色，于是便上前问道："您能如此投入地钓鱼，难道心中没有什么烦恼吗？”

老翁笑着说：“静下心来钓鱼，什么烦恼都忘记了。”

年轻人试了试，却总是放不下心中的烦恼，静不下心来。

于是他又往前走。他在山洞中遇见一位面带笑容的长者，便又向他讨教解脱烦恼的秘诀。

老人笑着问道：“有谁捆住你没有？”

年轻人答道：“没有啊。”

老人说：“既然没人捆住你，又何谈解脱呢？”

年轻人想了想，恍然大悟，原来是被自己设置的心理牢笼束缚住了。

世上本无事，庸人自扰之。其实很多时候，烦恼都是自找的，要想从烦恼的牢笼中解脱，首先要“心无一物”，放下心中的一切杂念。由此我们想到了萧伯纳的那句话：“痛苦的秘诀在于有闲工夫担心自己是否幸福。”

给心灵洗个澡

诗人普希金在《如果生活欺骗了你》中写过这样一段话：“一切都是暂时的，一切都会消逝；那过去的将变为可爱。”只要能放下心中的不快，失去的就会变成一种美丽，失去就不会带来那么多烦恼。

不完美，心灵的另一片风景

庄子讲过一个故事。

有一个叫支离疏的人，脸部隐藏在肚脐下，肩膀比头顶高，颈后的发髻朝天，五脏的血管向上，两条大腿和胸旁肋骨相并。替人家缝洗衣服，足可过活；替人家簸米筛糠，足可养活十口人；官府征兵时，他摇摆游离于其间；官府征夫时，他因残疾而免去劳役；官府放赈救济贫病时，他可以领到三斗米和十捆柴。

“支离疏”意即形体支离不全。庄子写这个人时没有提到他的名字，想必是因为这个人的真名在当时就已经被人遗忘，而保留下“残疾人”这个绰号了。在我们眼里，这个人是很惨的，可庄子却告诉我们说，残缺也许是福。

希尔·西尔弗斯坦在《失去的部件》一书中讲述了这样一个童话般的故事。

一个圆环失去了一个部件，于是它旋转着去寻找这个部件。因缺少这个部件，它只能非常缓慢地滚动，这样它就有机会欣赏沿途的鲜花，并可以与阳光对话，同蝴蝶吟唱，和地上的小虫聊天……这些都是它完整无缺、快速滚动时所无法注意、没能享受到的。

有一天，这个圆环终于找到了丢失的那个部件，它很高兴，又开始滚动起来。可是，因为完整，滚得太快，它失去了所有的朋友，不能再从容地赏花，也没有机会聊天，一切都变得稍纵即逝……这个圆环最后在一片草地上丢下了那个找到的部件，又成为一个有缺陷但快乐的圆环。

不完美是生活的一部分，拥有缺陷是人生另一种意义上的丰富和充实。正视缺陷，它或许会将我们带入另一片风景！

给心灵洗个澡

很多人常常埋怨自己的生活不圆满，却不知，有时损伤和缺憾往往是我们进入另一种美丽的契机。

你也有自己的美丽花园

你羡慕别人的生活比你快乐吗？你认为他的日子过得比你好吗？然而，你看过他们生活中的另一面吗？

在河的两岸，分别住着一个和尚与一个农夫。

和尚每天看着农夫日出而作，日落而息，生活看起来非常充实，令他相当羡慕。而农夫也在对岸，看见和尚每天都是无忧无虑地诵经、敲钟，生活十分轻松，令他非常向往。因此，在他们的心中产生了一个共同念头："真想到对岸去！换个新生活！"

有一天，他们碰巧见面了，两人商谈一番，并达成交换身份的协议，农夫变成和尚，而和尚则变成农夫。

当农夫来到和尚的生活环境后，这才发现，和尚的日子一点也不好过，那种敲钟、诵经的工作，看起来很悠闲，事实上却非常烦琐，每个步骤都不能遗漏。更重要的是，僧侣刻板单调的生活非常枯燥乏味，虽然悠闲，却让他觉得无所适从。

于是，成为和尚的农夫，每天敲钟、诵经之余都坐在岸边，羡慕地看着在彼岸快乐工作的其他农夫。

至于做了农夫的和尚，重返尘世后，痛苦比农夫还要多，面对俗世的烦忧、辛劳与困惑，他非常怀念当和尚的日子。

因而他也和农夫一样，每天坐在岸边，羡慕地看着对岸步履缓慢的其他和尚，并静静地聆听彼岸传来的诵经声。

这时，在他们的心中，同时响起了另一个声音："回去吧！那里才是真正适合我们的生活！"

不必羡慕别人的笑容，那也许只是苦中作乐或是强颜欢笑。我们总是习惯于羡慕别人，但很少有人想到羡慕自己。也许，只有懂得羡慕自己的人，才是真正值得羡慕的人。

一个人来到这个世界上总有许多值得别人羡慕的地方，即使处在人生的低潮亦然如此。比如我们现在的学习非常累，但我们为了理想而奋斗，生活很充实；一个人事业受挫了，但他还有成功的机会；一个人失业了，但他还有健康的体魄，一切可以从头开始。和那些更不幸的人相比，这一切太值得羡慕了，也太应该珍惜了。

所以说羡慕别人所得到的，不如珍惜自己所拥有的，只要你能看到自己的优势。

给心灵洗个澡

每个人都有自己存在的价值。不必羡慕别人的乐土，因为你也有自己的美丽花园，也许你的花不如别人的漂亮名贵，但是你的花可能给人类提供更多观赏以外的价值，这便是别人的花没有的优势。

破水桶浇灌出的美丽花朵

一位挑水夫，有两个水桶，分别吊在扁担的两头，其中一个水桶有裂缝，另一个则完好无缺。在每趟长途的挑运之后，完好无缺的水桶，总是能将满满一桶水从溪边送到主人家中，但是有裂缝的水桶到达主人家时，却只剩下半桶水。

两年来，挑水夫就这样每天挑一桶半的水到主人家。当然好水桶对自己能够送满整桶水很感自豪。破水桶呢？对于自己的缺陷则非常羞愧，它为自己只能负起责任的一半，感到非常难过，它特别羡慕好水桶的完整。

它终于忍不住，在小溪旁对挑水夫说："我很惭愧，必须向你道歉。""为什么呢？"挑水夫问道，"你为什么觉得惭愧？"

"过去两年，因为水从我这边一路地漏，我只能送半桶水到你主人家，我的缺陷，使你做了全部的工，却只收到一半的成果。"破水桶说。挑水夫替破水桶感到难过，他蛮有爱心地说："我们回主人家的路上，我要你留意路旁盛开的花朵。"

果真，他们走在山坡上，破水桶眼前一亮，看到缤纷的花朵开满路的一旁，沐浴在温暖的阳光之下，这景象使它开心许多！但是，走到小路的尽头，它又难受了，因为一半的水又在路上漏掉了！破水桶再次向挑水夫道歉，挑水夫说："你有没有注意到小路两旁，只有你的那一边有花，好水桶的那一边却没有开花呢？我明白你有缺陷，因此我善加利用，在你那边的路旁撒了花种，每回我从溪边回来，你就替我浇了一路花！"

"两年来，这些美丽的花朵装饰了主人的餐桌。如果你不是这个样子，主人桌上也没有这么好看的花朵了！"

其实，人生不需要太圆满，有个缺口让福气流向别人也是件很美的事。懂得每个人的生命都有欠缺，就不会与他人做无谓的比较，反而应该更珍惜自己所拥有的一切。

给心灵洗个澡

好好数数上苍给的东西，你会发现自己所拥有的其实很多，而缺少的那一部分，虽不可爱，却也是你生命中的一部分，接受它并善待它，你的人生会快乐很多。

杂念如杂草，心灵要除草

我们的心灵就像是一个大花园，我们不可能没有杂念，就像花园里不可能没有杂草一样。如果我们任杂草生长而不去理会，那么再美的花园也会因此而荒芜。同样的道理，如果我们不懂得去除心灵的各种杂念，那么我们就会慢慢地偏离我们最初的人生目标，甚至可能越走越远。所以，要记得定期给自己心灵的大花园除草。

很多时候，当我们在困窘的处境中，似乎会有更多的渴望，然而，太多不切实际的杂念，也往往是我们登上人生顶峰的最大阻碍。

蒙克夫是一位国际著名的登山家，他经常在没有携带氧气设备的情况下，成功地征服海拔6500米以上的高峰，这其中还包括了世界第二高峰——乔戈里峰。

其实，许多登山高手都以不带氧气瓶而能登上乔戈里峰为第一目标。但是，几乎所有的登山好手来到海拔6500米处，就无法继续前进了，因为这里的空气变得非常稀薄，几乎令人感到窒息。

因此，对登山者来说，想靠自己的体力和意志，独立征服8611米的乔戈里峰峰顶，确实是一项极为严峻的考验。

然而，蒙克夫却突破障碍做到了，他在接受表彰的记者招待会上，说出了这一段历险的过程。

蒙克夫认为，在突破海拔6500米的登山过程中，最大的障碍是心里各种翻腾的欲念。

因为，在攀爬的过程中，任何一个小小的杂念，都会让人松懈意念，转而渴望呼吸氧气，慢慢地让人失去冲劲与动力，而“缺氧”的念头也会开始产生，最终让人放弃征服的意志，接受失败。

蒙克夫说：“想要登上峰顶，首先，你必须学会清除杂念，脑子里杂念愈少，你所需的氧量就愈少；你的欲念愈多，你对氧气的需求便会愈多。所以，在空气极度稀薄的情况下，想要攻上顶峰，你就必须排除一切欲望和杂念！”

与此类似的是佛门中的高僧大德，虽然常年吃素，饮食简单，过午不食——每天只吃两餐甚至一餐，但身心健康，精力充沛，寿命高于常人。奥秘何在？其中最重要的一点，正是在于排除一切私心杂念，身心安定、清净、祥和。身心清净，没有杂念的干扰，能量的消耗会降到最低限度。

给心灵洗个澡

除去心灵的杂草，我们的心灵花园才会开满绚丽的花朵，才会芳香四溢。

捡走心中的落叶

鼎州禅师与小沙弥在庭院里读经，突然刮起一阵风，从树上落下了好多树叶，禅师就弯着腰，将树叶一片片地捡起来，放在口袋里。旁边的和尚说："禅师！不要捡了，反正明天一早，我们都会打扫的。"

鼎州禅师不以为然地说："话不能这么讲，我多捡一片，地上就会多一分干净啊！"

小沙弥又说："禅师，落叶这么多，您前面捡，它后面又落下来，您怎么捡得完呢？"

鼎州禅师一边捡，一边继续开导："落叶不仅是在地面上，落叶也在我们心地上，我捡我心地上的落叶，终有捡完的时候。"

和尚听了之后，终于明白了禅师捡落叶的真正含义。

鼎州禅师的捡落叶，不如说是捡心里的妄想烦恼，大地山河有多少落叶不去管它，心里的落叶捡一片少一片。禅者，只要当下安心，就立刻拥有了大千世界的一切。儒家主张凡事求诸己，禅者要求随其心净则国土净，故人人应随时随地除去自己心上的落叶。

人生犹如四季，风雨跌宕，岁岁枯荣。在我们的生活和工作中，处处充满竞争，纵然载誉归来，也难免磕磕碰碰甚至遍体鳞伤。所以，我们一定要抽出空闲和时间，观照自己心灵的诉说，体察心灵的脉动。一丝忧伤、一丝烦恼、一丝不安、一丝不快、一丝恐惧、一丝愤怒、一丝后悔、一丝抱怨等，可以暂住，但不可久留。

给心灵洗个澡

为了心灵不能承受之重，我们必须时刻捡走这些心中的落叶，清除这些可能蔓延丛生的杂草，还心底一缕清风、一轮明月。

将自卑从心中连根拔除

缺乏自信常常是性格软弱和事业不能成功的主要原因。一个人如果自惭形秽，那他就不会变成一个形象上佳的人。同样，如果他不相信自己的能力，那他就很难成为一个有能力的人。

在美国有个人，相貌极丑，街上行人都要掉头对他多看一眼。他从不修饰，到死都不在乎衣着。窄窄的黑裤子，伞套似的上衣，加上高顶窄边的大礼帽，仿佛要故意衬托出他那瘦长条的个子，走路姿势难看，双手晃来荡去。

他是小地方出生的人，尽管后来身居高职，但直到临终，举止仍是老样子，仍然不穿外衣就去开门，不戴手套就去歌剧院，总是讲不得体的笑话，往往在公众场合忽然忧郁起来，不言不语。无论在什么地方——在法院、讲坛、国会、农庄，甚至于他自己家里——他处处都显得格格不入。

他不但出身贫贱，而且身世蒙羞，母亲是私生子，他一生都对这些非常敏感。

没人出身比他更低，但也没有人比他升得更高。

他后来任美国总统，这个人就是林肯。

一个人有这么多的弱点而不去克服，难道也能得到像林肯那样的成就？

其实，林肯并不是用每一个长处抵每一个短处以求补偿，而是凭伟大的睿智与情操，使自己凌驾于自己的一切短处之上，置身于更高的境界。只在一个方面，就是通过教育，来补偿自己的不足。他用拼命自修的方法来克服早期的障碍。他非常孤陋寡闻，在20岁以前听牧师布道，他们都说地球是扁的。他在烛光、灯光和火光前读书，读得眼球在眼眶里越陷越深，眼看知识无涯而自己所知有限，总是感觉沮丧。他填写国会议员履历，在教育一项下填的竟然是："有缺点。"

林肯的一生不是沉浸在自卑中，而是对一切他所缺乏的方面进行全面补偿。他不求名利地位，不求婚姻美满，集中全力以求达到自己心中更高的目标：他渴望把他的独特思想与崇高人格里的一切优点奉献出来，造福人类。

没有自信的人，不仅在精神上存在懦弱、迷茫、疑惑和拘谨等许多缺陷，而且在实际行为上，亦裹足不前，痛失机遇。自卑会控制你的生活，在你有所决定、有所取舍的时候，去抹杀你的勇气与胆略。如果你由于自卑的打击，在忧郁的泥潭中越陷越深且无力自拔，结果沉沦于心灰意冷的"自卑情结"，那你最终也难以获得令人满意的结局。我们需要正视自卑的存在，不退缩，不蛮干，尽力克服，努力超越。

给心灵洗个澡

自卑是在给自己的心灵投下失身的阴影，只有走出自卑的阴影，才能迈向更高、更远、更明亮的人生。

栽一棵心灵情感树，将烦恼挂起

一个农场主，雇了一个水管工来安装农舍的水管。水管工的运气很糟，头一天，先是因为车子的轮胎爆裂，耽误了一个小时。然后就是电钻坏了。最后呢，开来的那辆载重一吨的老爷车趴了窝。他收工后，雇主开车把他送回家去。到了家门前，水管工邀请雇主进去坐坐。在门口，满脸晦气的水管工没有马上进去，沉默了一阵子，再伸出双手，抚摸门旁一棵小树的枝丫。待到门打开，水管工笑逐颜开，和两个孩子紧紧拥抱，再给迎上来的妻子一个响亮的吻。

在家里，水管工喜气洋洋地招待这位新朋友。雇主离开时，水管工陪着他向车子走去。雇主按捺不住好奇心，问："刚才你在门口的动作，有什么用意吗？"水管工爽快地回答："有，这是我的'心灵情感树'。我到外头工作，磕磕碰碰，总是有的。可是烦恼不能带进门，这里头有太太和孩子嘛。我就把它们挂在树上，让老天爷管着，明天出门再拿走。奇怪的是，第二天我到树前去，'烦恼'大半都不见了。"

当今社会，生活节奏紧张，生活中的变化总是不可避免地给人们带来种种烦恼。越来越多的烦恼让我们身心疲惫不堪，难以享受生活的乐趣。

如何消除心中纷乱如麻的烦恼呢？栽一棵心灵情感树吧！

美国前总统林肯就有一棵心灵情感树。林肯的“永不寄出的信件”，被公认为是消除怒气和烦恼的良方。一次，林肯的一位朋友愤愤不平地向林肯诉说了另一位朋友的无理。林肯听后不平地说：“你马上写信去痛骂他，往后不要与他来往。”信写后，却被林肯拿过来撕了，林肯笑着说：“我写过不少这样的信，但从来没有也永远不会寄出去，我们可以尽情地倾诉心中的不快，但没有理由去伤害他人。”这位朋友通过写信，烦恼与怒气已消除了大半，听了林肯的话自是感叹不已。

烦恼人人都有，伟人也不例外，林肯把烦恼通过写信而发泄出来，既获得了心理平衡，又不会伤害别人，真是一举两得。最终林肯成国美国历史上最伟大的总统之一。

栽上一棵心灵情感树吧，朋友！当你苦恼的时候，可以向它倾诉，当你愤怒的时候，可以向它发泄。心灵情感树是枕边一双倾听的耳朵，可以听到你的苦诉；心灵情感树是亲昵的拥抱，可以抚慰受伤的心灵；心灵情感树又是温暖的微笑……

栽上一棵心灵情感树吧，朋友！它不一定在家门前，可以是无形的，栽在心田一角；可以是有形的，像水管工的心灵情感树一样；可以是向朋友电话里的倾诉；可以是日记本里的宣泄。

给心灵洗个澡

烦恼是心灵的垃圾，是成功的绊脚石，是快乐生活的病毒。为了美好的明天，为了还心灵一片晴朗的天空，栽上一棵心灵情感树吧，朋友！

心无杂念，心平如镜

总是焦躁不安、一有事就忧心忡忡、每天都有烦恼……如何做才能更好地控制自己的情感?

答案是，只有“心无杂念”，才能控制好自己的情感。

如果能做到心无杂念，我们就不会被情感束缚。而且，情绪也能保持平稳状态，不会时好时坏。

但是，让自己保持心无杂念的状态并非易事，甚至可以说非常之难。坐禅时如果强烈要求自己“必须做到心无杂念”，反而会出现相反结果。因为你的大脑会被“不可思考”“必须让内心空无一物”等杂念占据。即使是在坐禅时，我们也无法阻止各种思绪浮现于脑海中。

对于大脑中浮现的这些思绪，不为所动是最佳方法。如此一来，它们就会自然消失。

往水面投一颗石子，水面会立刻掀起层层波澜。如果这时你为了让水面恢复平静而把手放入水中，水面只会变得更加不平静。只有顺其自然，波纹才会逐渐消失，水面才会变得如镜子般平静。人的内心也是如此。

有句禅语叫“云无心以出岫”。正如文字表面所示，其意思是说，当云不被任何东西束缚时，可以一边在风的吹拂下自由变换形状，一边坚守身为云的本分。毫无疑问，这正是“心无杂念”的最佳境界。

在日常生活中，我们会遇到各种各样的状况。既有好事情，也有坏事情；既有让我们心情愉悦的事情，也有让我们难以抉择的事情。不论处于何种情况，如果我们束缚于这些事情，内心就会掀起巨大波澜。

“那个家伙，竟然口出狂言！我绝不能放过他！”这是对灌进内心的“怒气之风”试图做出反抗的姿态。此时，大脑已完全被怒气占据，内心混乱而麻木。

喜怒哀乐是人类的正常情感，当这些情感涌上心头的时候，不为所动是最好的方法。如果一直想着如何应对，只会让自己越来越难以摆脱这种情感。

被敲进地里的桩子，已被牢牢地固定住。不论刮多么大的风，桩子都必须与风作抗争。但是，当风强到一定程度时，桩子就可能会被切成两截。相反，竹子却能依靠其柔韧劲应对强风。无论风多么大，它都不会被吹折。当风停止的时候，它又能恢复到笔直的状态。任凭风吹风止，它始终坚守自我。

这才是不被任何事物束缚的最佳姿态。如果能做到这一点，我们就能把注意力集中于“当下”，让自己的内心变得更加柔和。

让我们向“心无杂念”的境界靠近吧！

给心灵洗个澡

我们没必要要求自己不为那时那刻的思绪和情感“所动”。任其浮现，任其消失，是最接近“心无杂念”的内心状态。

让心田盛开绚丽的快乐之花

夏日的傍晚，一个美丽的少妇投河自尽，被正在河中划船的老人救起。

“你年纪轻轻，为何寻短见？”老人问。

“我结婚两年，丈夫遗弃了我，接着孩子又病死，你说，我活着还有什么乐趣？”少妇哭诉着。

“两年前你是怎么过的？”老人又问。

少妇的眼睛亮了：“那时我自由自在，无忧无虑。”

“当时你有丈夫和孩子吗？”

“当然没有。”

“那么，你不过是被命运之船送回到了两年前，现在你又自由自在，无忧无虑了。请上岸吧。”

话刚说完，少妇已在岸上，老人则不知去向。仿佛做了一个梦的少妇，揉了揉眼睛，想了想，走了。

从此，她没有再寻短见。

世上万物都有其自然规律，而不以个人的悲喜为转移。抱着“不以物喜，不以己悲”的人生态度，即使碰到了非常痛苦的事情，明知无法挽回，也要看开一点，多想些轻松的事，好让自己重新开始，轻松上路。

“文革”期间，著名作家沈从文被下放到多雨的湖北咸宁劳动改造，饱受痛楚。可沈从文毫不在意，在咸宁给他的表侄、画家黄永玉写信说：“这儿荷花真好，你若来……”

就这样一句普普通通的“荷花真好”，竟使那段苦难的日子飘荡着荷花的芬芳，令人以为多雨泥泞的咸宁是王孙可游的人间仙境呢！看似平淡的语句里，暗示了多少生命玄机，又蕴含了多少人生智慧啊！现实生活中，无限制增长的欲望、不满足现状的心态，还有那诸多数不清的烦恼与磨难，常常使人患得患失。因此，很多人抱怨命运，抱怨时运不济，抱怨人生多“苦”。

给心灵洗个澡

无论生活面临怎样的境地，人生遭逢怎样的磨难，栽种一株快乐的心灵之花于心田，让绚丽的花朵昂然地绽放在生命的枝头，你便会拥有兰心蕙性，你的心境也定会盈满幸福！

美德如茗香，心灵因它而芬芳

卢梭有一句名言：“美德有如茗香，经燃烧或压榨而其香愈烈。幸运最能显露恶德而厄运最能显露美德。”在此，他指出了美德对于我们是多么重要。

一位哲学家带着他的一群学生去漫游世界，十年间，他们游历了所有的国家，拜访了所有有学问的人，现在他们回来了，个个满腹经纶。在进城之前，哲学家在郊外的一片草地上坐下来，对他的学生说：“十年游历，你们都已是饱学之士，现在学业就要结束了，我们上最后一课吧！”

弟子们围着哲学家坐了下来，哲学家问：“现在我们坐在什么地方？”弟子们答：“现在我们坐在旷野里。”哲学家又问：“旷野里长着什么？”弟子们说：“旷野里长满杂草。”

哲学家说：“对，旷野里长满杂草，现在我想知道的是如何除掉这些杂草。”弟子们非常惊愕，他们都没有想到，一直在探讨人生奥妙的哲学家，最后一课问的竟是这么简单的一个问题。

一个弟子首先开口说：“老师，只要有铲子就够了。”哲学家点点头。

另一个弟子接着说：“用火烧也是很好的一种办法。”哲学家微笑了一下，示意下一位。

第三个弟子说："撒上石灰就会除掉所有的杂草。"

接着第四个弟子说："斩草除根，只要把根挖出来就行了。"

等弟子们都讲完了，哲学家站了起来，说："课就上到这里了，你们回去后，按照各自的方法除去一片杂草，一年后再来相聚。"

一年后，他们都来了，不过原来相聚的地方已不再是杂草丛生，它变成了一片长满谷子的庄稼地。

同样，要想让灵魂无纷扰，唯一的方法就是用美德去占据它。

美德是一杯香茗，是一杯美酒，是一朵芳香四溢的鲜花。美德可以让心灵摆脱痛苦，心灵被美德所占据，烦恼、纷争等便失去了生存的空间，欲望便会枯萎。幸福是美德所结出的硕果，拥有美德，便拥有幸福。

美德是心灵的健康剂，它让人有一颗平常心，有一颗爱心。拥有了美德，我们便不会与人争名夺利，凭空与人起纷争，便不会为一丝小利而烦恼。美德本身就是报酬，它能给人们带来最高尚而真实的快乐，在美德的磨刀石上，我们爱心的刀刃会更加锋利。拥有美德，任何污染便无法接近，任何烦恼便不能出现，才能有一颗快乐的心。

给心灵洗个澡

在讲求效率和功利的现代社会，我们应该在自己的心灵中为美德留下一片空间，让美德帮我们驱散内心的烦恼，清除心灵的杂草。不能物质生活丰富了，而心灵却贫乏了。

Part03

过滤心灵的毒素，与自己温柔相待

心理失调对一个人的生活来说是致命的。担忧、郁闷、焦虑、气恼、愤怒等心理毒素都是生活的致命杀手。这些毒素如果得不到及时排解，淤积于心，不仅影响身心健康，还会危害工作、人际等，使我们的生活质量每况愈下。

你是不是心中总是焦虑郁闷，时常怀着怒气呢？要知道这样受伤害最大的是你自己。别再跟自己过不去了，为自己的心灵排排毒吧。只有保持心灵的自由、和谐与健康，才能掌控好自己的人生。

“消气”的沙子

大学毕业后，张明到一家外资企业上班。他的工作有点像秘书，但大家都叫他“助理”。在大学里，张明各方面都很优秀，出尽风头，他因此很高傲。

从一个学生领袖到做别人的“助理”，张明很难受，特别是老刘小李什么的动不动就唤他去打杂时，他就会发无名火，觉得很没尊严。张明心想：我又不是打杂的，凭什么指挥我干这个又做那个？事后他冷静一想，他们并没有错，自己的工作就是这些。刚进来时，王经理也这么事先对张明说过，但一涉及具体事情，张明的情绪就有点失控。有时咬牙切齿地干完某事，又要笑容可掬地向有关人员汇报说：“已经做好了！”如此违心的两面派角色，自己都感到恶心。有几次，还与同事争吵起来。从此以后，张明的日子更不好过了，同事几乎不理张明，张明孤傲不成，倒是孤独了。

这天，女秘书小吴不在，王经理便点名叫张明到他办公室去整理一下办公桌并为他煮一杯咖啡。张明硬着头皮去了。王经理一眼看出了张明的不满，一针见血地指出：“你觉得委屈是不是？你有才华，这点我信，但你必须从这个做起。”

张明心里一惊，经理竟懂自己的心！张明笑了笑，表示感谢，王经理还叫张明先坐下来，聊聊近况。可张明身旁没有椅子呀！张明总不能与他并排在长条双人沙发上坐下吧！他到底在开什么玩笑？

这时，王经理意有所指地说："心怀不满的人，永远找不到一个舒适的椅子。"难得见到他如此亲切和慈祥的面孔，张明放松了很多。

手脚忙乱地弄好一杯咖啡后，张明开始整理王经理的桌子。其中有一盆黄沙，细细的，柔柔的，泛着一种阳光般的色泽。张明觉得奇怪，这干吗用呢？又不种仙人球，这人真怪！

王经理似乎看出张明的心思，伸手抓了一把沙，握拳，黄沙从指缝间滑落，很美！他神秘地一笑："小伙子，你以为只有你心情不好，有脾气？其实，我跟你一样，但我已学会控制情绪……"

原来，那一盆精致绝伦的沙子，是用来"消气"的。那是王经理的一位研究心理学的朋友送的，一旦他想发火时，可以抓抓沙子，它会舒缓一个人紧张激动的情绪。这盆朋友的礼物，已伴他从青年走向中年，也教他从一个鲁莽少年打工仔，成长为一名稳重、老练、理性的管理者。王经理说：先学会管理自己的情绪，才会管理好其他。

张明的心一下子爽朗了许多。

给心灵洗个澡

生活环境变了，工作状况变了，人的社会角色也会相应地改变。在这种改变中，你是积极地改变自己迎接崭新的未来，还是固守过去的美丽抱怨命运的不公？

灭却心头火自凉

有一个人脾气很暴躁，常常因此得罪别人而懊恼不已，所以一直想将这暴躁的坏脾气改掉。后来，他决定好好修行，改变自己的脾气。于是他花了许多钱，盖了一座庙，并且特地找人在庙门口写上“百忍寺”三个大字。这个人为了显示自己修行的诚心，每天都站在庙门口，一一向前来参拜的香客说明自己改过向善的心意。香客们听了他的说明，都十分钦佩他的用心良苦，也纷纷称赞他改变自己的决心。

这一天，他一如往常站在庙门口，向香客解释他建造百忍寺的意义时，其中一位年纪大的香客因为不认识字，而向这个修行者询问牌匾上到底是写了些什么。修行者回答香客说：“牌匾上写的三个字是‘百忍寺’。”香客没听清楚，于是再问了一次。这次，修行者的口气开始有些不耐烦：“上面写的是‘百忍寺’。”等到香客问第三次时，修行者已经按捺不住，很生气地回答：“你是聋子啊？跟你说上面写的是‘百忍寺’，你难道听不懂吗？”

香客听了，笑着说：“我才不过说了三遍你就忍受不了了，还建什么百忍寺呢？”

科学家认为，人之所以暴躁爱发怒，是和大脑神经系统有关。大脑前额叶皮层对感情、道德等情绪有影响，并负责产生行动的神经冲动，这就导致了举止暴躁等表现。

盘珪禅师说法时不仅浅显易懂，也常在结束之前让信徒提问题，并当场解说，因此不远千里慕道而来的信徒很多。

有一天，一位信徒请示盘珪禅师说："我天生暴躁，不知要如何改正？"

盘珪："是怎么一个天生法？你把它拿出来给我看，我帮你改掉。"

信徒："不！现在没有，一碰到事情，那'天生'的性急暴躁才会跑出来。"

盘珪："如果现在没有，只是在某种偶发的情况下才会出现，那么就是你和别人争执时，自己造就出来的，现在你却把它说成是天生的，将过错推给父母，实在是太不公平了。"

信徒经此开导，会意过来，再也不轻易地发脾气了。

故事的答案很明显，只要有心，就没有改不了的习惯。

给心灵洗个澡

安禅何必须山水，灭却心头火自凉。生活就是心灵的修炼场，想要改变自己，应当从改变心情做起。

活着不是给自己心里添堵

我们很多的烦心事其实都是自己找的，一个人不让自己烦恼，别人很难让他烦恼，让他生气。

第二次世界大战时，范·拉塞尔在美国好莱坞经营一家影业公司。拉塞尔手下有一名技术专家名叫皮特·里弗斯，此人的脾气非常暴躁，无论是谁只要一不小心说错了话，便会被他训斥一番，连老板拉塞尔也不例外。好在拉塞尔为人宽宏大量不和他计较，况且里弗斯只是为人很固执，但是很敬业，专业能力是值得肯定的。

有一天，为了一件工作上的事，里弗斯同技术小组的一名助手吵了起来，最后他甚至拍着桌子骂起来，拉塞尔前去劝阻也没有用。正在局面闹得无法收场之际，里弗斯的小女儿突然跟着母亲来到了工作室，女儿见到父亲暴怒的可怕模样，吓得当场大哭起来。里弗斯见状，急忙跑过去哄女儿开心，刚才的怒火转眼间烟消云散了。

拉塞尔看到这一情景，突然心头一亮：原来里弗斯的“死穴”是他的宝贝女儿啊，对谁都不服的罗弗斯只有面对女儿时才千依百顺。于是，拉塞尔打算从里弗斯的女儿身上做文章，设法使罗弗斯尽量改变脾气，和同事们搞好关系，为公司做出更大贡献。拉塞尔在离公司不远的地方给里弗斯租了一套房子，目的是让他和妻子、女儿能够生活在一起。罗弗斯对于公司的好意，心里感到十分过意不去，始终不肯接受。

拉塞尔笑着说：“搬不搬家，恐怕由不得你了，先去看看房子吧。”

“你这是什么意思？”里弗斯嘟囔起来，“难不成你还要强迫我住进去吗？”

“不是我强迫你，是你的女儿罗丝，她已经替你做主了。”

里弗斯走进屋子，看到女儿已经把东西搬进来了，正冲他微笑，这样一来里弗斯就无话可说了。拉塞尔趁机语重心长地对里弗斯说：“皮特，作为你的朋友，我可要劝劝你了，为了罗丝你的脾气应该改改了。我知道你每次发完脾气后自己都很愧疚，如果每次与别人发火之前，你都把对方想象成你的女儿，那样气不就自然消了吗？”

里弗斯沉思了半天，对拉塞尔说：“你说得对，我真的应该改改脾气了！”

于是，里弗斯听从了拉塞尔的安排，搬进了新居，他非常感激拉塞尔的关照。他按照拉塞尔的建议去控制自己的情绪，也很少在公司里发脾气了，他专心带领自己的科研小组，为公司陆续开发出了一批批新产品，创造了巨大的效益。

如果不是遇到拉塞尔这样的好老板用心点拨，里弗斯恐怕依然会我行我素，其结果注定是成为公司里“最不受欢迎的面孔”。

人活着不能自己给自己添堵，即使不为了自己，哪怕是为自己的家人，也应该像里弗斯一样调整情绪，不必事事吹毛求疵，不必事事大动肝火。

给心灵洗个澡

天空，太蓝；大海，太咸；人生，太难；工作，太烦。人生是很难，工作也的确有很多烦心之处，正因为如此，我们才要找点乐趣，苦中作乐。明白了这一点，我们还有什么必要自寻苦恼，跟自己过不去呢？

消化痛苦要趁早

一位老农的农田当中，多年以来一直横亘着一块大石头。这块石头碰断了老农的好几把锄头，还弄坏了他的播种机。老农对此烦恼至极，但又无可奈何，巨石成了他种田时挥之不去的心病。

一天，在又一把锄头被打坏之后，老农终于下决心要搬走这块巨石。于是，他找来撬棍伸进巨石底下。他惊讶地发现，石头埋在地里并没有想象得那么深、那么厚，稍使劲就可以把石头撬起来，再用大锤打碎，便可轻而易举地将石头从地里搬走。

老农脑海里闪过多年来被巨石困扰的情景，想到其实可以更早些把这桩头疼事处理掉，禁不住一脸的苦笑。

痛苦的感受犹如泥泞的沼泽地，你越是不能很快从中脱身，它就越可能把你陷住，越陷越深，直至不能自拔。南唐后主李煜被俘后赋词曰：

往事只堪哀，对景难排。
秋风庭院藓侵阶。
一任珠帘闲不卷，终日谁来！
金剑已沉埋，壮气蒿莱。

晚凉天净月华开。

想得玉楼瑶殿影，空照秦淮。

像这样留恋逝去的荣华，死盯住自己的遭遇不放，哪能不被沉重的痛苦情绪所压倒呢？

鲁迅笔下的祥林嫂，心爱的儿子被狼叼走后，痛苦得心如刀剜，她逢人就诉说自己儿子的不幸。起初，人们对她还给予同情。但她一而再、再而三地讲，周围的人们就开始厌烦。她自己也更加痛苦，以致麻木了。老是向别人反复讲述自己的痛苦，就会使自己久久不能忘记这些痛苦，更长久地受到痛苦的折磨。

给心灵洗个澡

人生中会遇到很多问题，如果找出根源，立即处理，绝不拖延，便不会被这些烦恼压得透不过气来。因此，我们的情感不要长久地停留在痛苦的事情上，而需要用理智在挫折和坎坷上寻找突破口。

四招轻松化解焦虑情绪

在如今这个快节奏的社会里，升学就业、职位升降、事业发展、恋爱婚姻、名誉地位，种种社会问题使人们承受着巨大的心理压力，由此产生焦虑心情。

焦虑时，人就会心烦意乱、坐立不安，搓手顿足、心绪不宁，甚至有灾难临头之感。工作学习时不能集中注意力、杂念万千，做事犹豫不决。焦虑会影响睡眠，引起失眠、多梦或噩梦频繁。白天头昏脑涨，感觉过敏，怕噪音、强光及冷热，容易激动，常会有不理智的激情发作。

某公司的一位高级职员，32岁，未婚。他常常不满意他的生活状态。偶尔，眼前发昏，身体虚弱，性格不稳定，已持续五六年之久。没有一次病理检验使他满意。后来，他常常紧张、容易动怒、不能松懈、失眠、做噩梦。他不断地勉强自己，参加各种活动，但是每次他所获得的经验是痛苦和病态的加重。他开始借助饮酒，去稳定不安的情绪。他去接受心理治疗的前几天，会穿戴整齐，准备出门，但发现身体不太自然，犹如昏迷的状态。他躺上床后，心跳、呼吸不自然，觉得格外的虚弱。他喝了几杯酒和吃了几粒安眠药熟睡了。经过心理医生的诊断，他患上了慢性焦虑病，偶尔产生急性焦虑。

焦虑症患者不敢直面人生，把世界想象得过分危险可怕。因此，首先应该做到的就是改变自己的心情，调整对生活的态度。焦虑症的自我防护主要有以下几点：

1. 有一个良好的心态。

要保持心理稳定，不可大喜大悲。要心宽，凡事想得开，要使自己的主观思想不断适应客观发展的现实。不要企图把客观事物纳入自己的主观思维轨道，那不但是不可能的，而且极易诱发焦虑、忧郁、怨恨、悲伤、愤怒等消极情绪。

2. 自我疏导。

轻微焦虑的消除，主要是依靠个人。当出现焦虑时，首先要意识到这是焦虑心理，要正视它，不要用自认为合理的其他理由来掩饰它的存在。其次要树立起消除焦虑心理的信心，充分调动主观能动性，运用注意力转移的原理，及时消除焦虑。当你的注意力转移到新的事物上去时，心理上产生的新体验有可能驱逐和取代焦虑心理，这是一种人们常用的方法。

3. 自我放松。

当一个人面临压力时，容易咬紧牙关。此时不妨放松下颚，左右摆动一会儿，以松弛肌肉，纾解压力。

你还可以做扩胸运动，因为许多人在焦虑时会出现肌肉紧绷的现象，引起呼吸困难。而呼吸不顺可能使原有的焦虑更严重。

欲恢复舒坦的呼吸，不妨上下转动双肩，并配合深呼吸。举肩时，吸气；松肩时，呼气，如此反复数回。

4. 幻想。

如闭上双眼，在脑海中创造一个优美恬静的环境，想象在大海岸边，波涛阵阵，鱼儿不断跃出水面，海鸥在天空飞翔，你光着脚丫，走在凉丝丝的海滩上，海风轻轻地拂着你的面颊……

给心灵洗个澡

焦虑、烦躁等消极情绪，对解决任何问题都无济于事。要学会心平气和、乐观、勇敢、自信，这是克服焦虑的精神良药。

心病还须心药医

生活中，常见到一些人的心情有如春、夏的气候，大起大落，变化无常。比如在公园玩得很开心，可回家后又觉生活单调枯燥而心烦，唉声叹气；与朋友团聚时热闹欢快，独自一人时又为孤寂而愁眉苦脸；时欢时苦，飘忽不定，着实叫人不可捉摸，不仅使人感到难于相处，也令自己异常难受。这种不正常的表现，是“心理斜坡”在作怪。

人的感情在受外界刺激的影响下，具有多度性和两极性。每一种情感具有不同的等级，还有着与之相对立的情感状态，如爱与恨、欢乐与忧愁等。感情的等级越高，“心理斜坡”就超大，也就容易向相反的情绪状态转化。“心理斜坡”不但使人情绪不稳、且会间接、直接地影响健康。

要克服“情绪短路”和“心理斜坡”的不良反应，得要重视自己的心理保健。正如古语所说：“心病还须心药医。”首先要自觉地消除思想上的偏差，人生不可能总是高潮，更不可能事事如意，在平凡日子中生活，就少不了要碰到麻烦事。关键是懂得放松自己，以平常心面对生活。只有这样，才能在不顺心时不致陷入烦恼的泥坑而不能自拔。只有善于保持良好的心理状态，才能为自己营造出良好的生理状态，从而赢得“健康人生”。

其次，应该勇敢面对新生活，主动体验生活中的不同乐趣——既能在激荡人心的活动中体验激情的热烈奔放，又能在平淡如水的日常生活中享受悠然自得的生活情趣；既能在群体活动中感受快乐，又能在独自生活时创造充实。只有这样，才能在碰到不顺心的事或发生较大转换时，避免产生心理上的反差而诱发情绪短路。

其三，适当地“糊涂”是医治情绪病的良方。对人对事，只要不是原则问题，就大可“糊涂”待之。“糊涂”者，指不必事事计较谁是谁非；不去时时考虑个人得失；不去每每分析谁占了我便宜；不去常常思量自己有没有吃亏。老年人由于有“长者尊严关”“老年面子关”和不自觉而产生的“老子总是正确的想法”等等，“海纳百川”的气量，就更显得难能可贵了。但是，必须具有大气量，才可能轻松地生活。宽容，该是老年人保持良好心态最重要的一条。

其四，要加强理智对情绪的调控作用。古语云“物极必反”。这就是提醒我们，“乐极”与“气极”“怒极”都不好，应该时刻注意保持适度的冷静和清醒，在欢乐、顺心时，主动降温；遇苦闷或情绪转入低谷时，要换个积极的想法；事物都有多重性，受许多因素制约，要从有利及好的一面去想，自能摆脱情绪困境。也可用“以反制反”的办法来调整自己。如静极就外出活动一下调极就避开冷一冷；闷极就找人说一说……只要不断学习，坚持用正确的人生观、世界观指导自己的思想感情和行动，就能做到以理智控制情绪。古人都知道“修德”是贯穿终生的主课，这一点也是我们现代人应该学习的。

给心灵洗个澡

古人曾说："不如人意常八九，如人之意一二分。"即使是历史上的帝王将相，生活中的富豪、名人等，各人都有各自的烦恼和忧伤。一位英国哲学家说："生命的潮汐因快乐而升，因痛苦而降。"时刻保持愉快的心境，你就能摆脱不良心境的影响，让自己的生活变得快乐幸福。

郁气于心疾病生，不如宣泄散出来

怒气是不可以长期积压的。布洛伊尔与弗洛伊德发现，在心理治疗过程中，凡是病人能够得到较好的精神疏泄时，病情都会有明显的好转。所以，他们认为只有把这些积郁的东西“净化”后，才会收到较好的疗效。在现实生活中，我们也会看到有些心胸开阔、性情爽朗的人，他们心直口快把自己的不愉快情绪或心中的烦闷诉说出来，这种人的心理矛盾能获得及时解决。可是，我们也常看到心胸狭窄的人，爱生气，心中闷闷不乐，由于心理冲突长期得不到解决而发生心理疾病。

根据哈坎松1969年的一项研究成果，当人发怒时，血压会迅速升高，而当他通过各种方式，如大喊大叫、号啕痛哭或采取报复行动将怒气发泄出来时，血压又会很快恢复正常。相反，倘若他们将怒气强压下去，那么他们的血压则需要相当长的时间才能恢复到正常水平。此外，让怒气积郁在心中对心脏的健康尤其不利，是诱发冠心病的主要原因之一。以上只是指出一个事实而已，它并不意味着我们在同别人发生冲突时应该凭感情行事，毫无顾忌地对别人采取攻击行动。心理学家认为，一个人的身体状态是受其心理和精神状态所影响的，大约有一半以上的疾病是由心理和精神方面引起的，因此，掌握心理平衡对人的健康是非常重要的。

从心理健康的角度来看，长期积压怒气会影响身心健康，怒气长时间得不到排解就可能变成忧郁情绪。发脾气可造成神经系统紧张，使内分泌处于亢奋状态，甚至可能引发疾病。从人际关系角度看，一场脾气发下来，别人不仅会敬而远之，多年的交情甚至可能因此了结。

一般说来，把怒气发泄出来比让它积郁在心里要好。

倾诉宣泄是为了使心理的重压得到释放，不良的情绪能量通过一定渠道释放掉，心理压力自然恢复平衡。

摔打一些无关紧要的物品能够有效地宣泄，对天空大喊也可以缓解一下自己的冲动。如果你愿意，可以跑到楼下，再爬上楼，每步登两个台阶，跑步上楼更好。在日常生活或工作中，经常会产生一些矛盾或意见，这很容易使人发怒。如果我们把心中的不满或意见坦率地讲出来，既可泄怒，又可以通过批评与自我批评增强同事间的团结，或者讲给自己信得过的朋友听，你将会得到安慰，这种释放的方法也是很可取的。

给心灵洗个澡

喜怒哀乐本是人之常情，没有理由强迫自己控制情绪而忽视甚至是否定自己的感受。许多心理专家鼓励人们自然宣泄情绪，有气就发出来，不要闷在心里。但随便乱发脾气是损人不利己的行为，所以，每个人最好了解自己的情绪，寻找适当的宣泄方式。

拨开压在心头的抑郁阴云

抑郁已经成为现代人的常见病。一位知名作家如此解释抑郁，她说："抑郁像雾，难以形容。它是一种情感的陷落，是一种低潮感觉状态。它的症状虽多，但灰色是统一的韵调。抑郁的人冷漠，丧失兴趣，缺乏胃口，退缩，嗜睡，无法集中注意力，对自己不满，缺乏自信……不敢爱，不敢说，不敢愤怒，不敢决策……每一片落叶都敲碎心房，每一声鸟鸣都溅起泪滴，每一束眼光都蕴满孤独，每一个脚步都狐疑不定……"

一个人如果心灵充满了忧愁抑郁，就会陷入痛苦的深渊而无力自拔，他的整个生活就会弥漫着灰暗的气氛。那么，怎样战胜忧愁抑郁呢？

1. 调节与活动。

当忧愁抑郁时，到空气新鲜的地方，做做操，活动活动，即"散散心"。工作中如果遇到了难题，一时不能解决，或是精神上受到外界的刺激，情绪不稳定时，不妨暂时休息一下。同时学会放松。比如控制呼吸，即多练习腹腔呼吸法，这是轻松而自然的呼吸，不仅可解除内心的紧张，也可消除忧愁抑郁的心情。

2. 工作与分配。

工作是治疗忧愁抑郁的最好对症药。如果工作特别繁重，则养成良好的分配习惯。任何事情总有轻重缓急之分，只要肯注意分配，这种习惯就不难养成。并且要有自知之明，对自己的能力有正确的估计，不勉强，不以超人自居，也不过分小心谨慎，不要期望每件事都能十全十美。

3. 发泄与控制。

这与摆脱烦恼心情一样，可以向至亲好友倾诉，发泄自己心中的忧愁，甚至可大哭一场，以洗去心中忧愁，同时可得到他们的帮助与指导，并设法纠正。不过忧愁抑郁固然有害，但毫无控制的发泄，也会造成不良的后果。而此时的良方就是控制，如做一些体力活动，这对控制激动和解除忧愁都有好处。

4. 意识疗法。

忧愁抑郁的人，可以每天坚持对照一张由心理咨询专家设计的、载有忧愁抑郁各种表现的表格。当心情不舒畅或难以自制时，首先根据这张表格记录下自己的消极思想，然后把这张表格从头到尾看一遍，最后用更多的积极向上的想法来代替那些虚假的、使自己忧愁的想法，别让那些消极想法在脑子里作怪。专家们认为，只要每天坚持这样做，并辅以其他有关的心理保健方法，忧愁抑郁便会渐趋消失。

幸福的人生需要摆脱抑郁的情绪，拨开压在心头的那片阴云，你才能拥有一颗快乐平和的心。

给心灵洗个澡

在工作和生活上，只要每天坚持科学地调节，并辅以其他有关的心理保健方法，忧愁抑郁便会渐趋消失。

从内到外排除心灵的毒素

生活中，我们会时不时地郁闷生气。生气并不都是因为生活中遇到不幸事件、不如意事情，更多时候是人的主观内在素质的弱点造成的。性格内向的人最爱生闷气，遇到不顺心的事常常郁积于心，不肯向人吐露，陷于焦虑、苦闷之中而不能自拔。过于注意自我，为个人利益患得患失，也会导致爱生闷气。想得到的利益而没得到，有“患失之忧”，得到了又产生“患得之忧”。总之，得也忧，失也忧；进也忧，退也忧；一天到晚忧心忡忡。

心理学家认为，心理病毒既包括外来之毒，如世俗的不良观念、他人的恶意嘲讽，也包括内在之毒，如错误的观点、思维方式和行为方式。前者往往是不良心理的刺激源，后者则是前者堆积、滞留于心，内化而形成的一种心理反应机制。因此，及时地排除体内毒素，保持内心环境的卫生，是非常重要的。

那么，如何消解心中的毒素呢？

首先，应找出使自己生气郁闷的原因：是什么事使我们这样？为什么它会使我们这样？可以用写日记的方式把事情的经过和自己的想法整理一下。

其次，尽量用客观的态度来分析周围的事情。我们的情绪不一定是事件本身引起的，有可能是自己的思路，即思考问题的方式、对事件的看法引起的。如果我们的看法是不合理的，比如说，可能会以为周围人都针对自己，和自己过不去，但是这种想法显然不合实际。就算有人针对我们，和我们过不去，但绝对不会是所有人都和我们过不去。整个世界都变得灰暗，是我们自己想成那样的，和事实并不相符。所以，我们要尽量使自己对事物的看法客观些，冷静地分析，我们就会慢慢地发现，有些事情并不值得或者说不应该为它生闷气。

再次，如果实在气愤难平，影响到身心健康，建议去找自己最信任的朋友聊聊或是找心理咨询师谈谈，倾诉内心的苦闷，也许会让我们的心情得到放松。

另外，做一些放松运动，如瑜伽、太极，或者去参加一些自己喜爱的运动，到户外去呼吸呼吸新鲜空气，把心里的事扔到一边，也对心情的放松有帮助。

给心灵洗个澡

人的内心必须要保持与外界顺畅的状态，让积极的东西不断进来，把消极的东西排挤出去。所以，人们万万不可忽视这类心理上的排毒工作。

自制一杯快乐“柠檬汁”

有一个人，他觉得自己从小到大都是一名失败者，失败永远陪伴在他的身边，因此他从来都不快乐。他感到上天的不公平，于是，他决定去寻找上帝，询问上帝快乐是什么。

这个人翻山越岭，来到河边，见到一位老翁，就走过去问：“老人家，快乐是什么？”

那位老人回答他：“快乐就是每天都能钓到鱼。”

这位年轻人继续他的旅途，他渡过了河，来到了森林中，遇见一个正在赶路的中年男人，就问他：“快乐是什么？”

那个中年男人回答他：“快乐就是每天都能捕获野兽。”

有一位住在美国佛罗里达州的快乐农场主，他曾创造了一个商业上的奇迹。

在他当初买下那个农场时，那里土地贫瘠，各种果树都不适合种植，甚至连养猪也不适宜。除了一些矮灌木与响尾蛇，什么都难以生存，他几乎看不出这块土地还有什么用途。

一开始，他的心情十分低落。后来他想到个好主意，他决定再投资，开发利用这些响尾蛇资源。

他不顾大家的反对，开始把响尾蛇肉加工成罐头。而且，旅游资源也成了他的又一生财之道，每年有平均两万名游客到他的响尾蛇农庄来参观。游客到这里目睹毒液被抽出后送往实验室制作血清，蛇皮被他高价售给制鞋工厂生产女鞋与皮包，蛇肉罐头则运往世界各地。

当时，连当地邮戳都盖着“佛罗里达州响尾蛇村”，当地人都以这位把“毒柠檬”做成“甜柠檬汁”的农场主为荣。

快乐的人生态度，总能使人把不幸化为一种机会。

哈里·爱默生·弗斯狄克曾语重心长地说：“真正的快乐不一定是愉悦的，它多半是一种思想上的胜利。”没错，快乐源自一种成就感，一种自我超越的胜利，一种将“酸柠檬”榨成“柠檬汁”的经历。

给心灵洗个澡

每天清晨都告诉自己：生活是如此美好，我感到很快乐。懂得为自己歌唱、为生活歌唱、为生命歌唱的人，快乐就会紧紧相随。当你快乐时，周围的人受到你的感染，也乐得心情舒爽、开朗，自然喜欢与你亲近。

笑口常开，笑散心中愁

生理学家巴甫洛夫说过：“忧愁悲伤能损坏身体，从而为各种疾病打开方便之门，可是愉快能使你肉体上和精神上的每一现象敏感活跃，能使你的体质增强。药物中最好的就是愉快和欢笑。”

笑声不仅可以解除忧愁，而且可以治疗各种病痛。微笑能加快肺部呼吸，增加肺活量，能促进血液循环，使血液获得更多的氧，从而更好地抵御各种病菌的入侵。

笑声还可以治疗心理疾病。印度有位医生在国内开设了多家“欢笑诊所”，专门用各种各样的笑：“哈哈”“开怀大笑”“吃吃”抿嘴偷笑、抱着胳膊会心地微笑等来治疗心情压抑等各种疾病。在美国的一些公园里都辟有欢笑乐园，每天有许多男女老少在那里站成一圈，一遍遍地哈哈大笑，进行“欢笑晨练”。

笑不仅具有医疗作用，而且生活中它还能产生人们意想不到的用途。有个王子，一天吃饭时，喉咙里卡了一根鱼刺，医生们束手无策。这时一位农民走过来，一个劲儿地扮鬼脸，逗得王子止不住地笑，终于吐出了鱼刺。

雪莱说过：“笑实在是仁爱的表现、快乐的源泉、亲近别人的桥梁。”笑是快乐的象征，是快乐的源泉。笑能化解生活中的尴尬，能缓解工作中的紧张气氛，也能淡化忧郁。一对夫妻因为一点生活琐事吵了半天，最后丈夫低头喝闷酒，不再搭理妻子。吵过之后，妻子先想通了，便想和丈夫和好，但又感到没有台阶可下，于是她便灵机一动，炒了一盘菜端给丈夫说：“吃吧，吃饱了我们接着吵。”一句话把正在生闷气的丈夫给逗乐了，见丈夫真心地笑了，她自己也乐开了。就这样，一场矛盾在笑声中化解开来。

既然笑声有这么多的好处，我们有什么理由不让生活充满笑声呢？不妨给自己一个笑脸，让自己拥有一份坦然；还生活一片笑声，让自己勇敢地面对艰难。赫尔岑有句名言说：“不仅要在欢乐时微笑，也要学会在困难中微笑。”这是怎样的一种情调，怎样的一种豁达，怎样的一种鼓励啊！

清新、健康的笑，犹如夏天的一阵大雨，荡涤了人们心灵上的污泥、灰尘及所有的污垢，显露出善良与光明。笑是生活的开心果，是无价之宝，但却不需花一分钱。所以，每个人都应学会以微笑面对生活。

给心灵洗个澡

对于那些痛苦的记忆我们应该学会一笑置之，这种人生态度让我们能够放下过去的阴影，轻松地走在今天的阳光里。

心平气和，与自己温柔相待

人的痛苦和烦恼大半源于自己，即所谓的画地为牢、作茧自缚，自己和自己过不去。

和自己过不去，内心的痛苦和烦恼就会越来越多，就会让不愉快的情绪吞灭心中的灵光，失去做人的乐趣。

太多的人为生活的艰辛、工作的压力、人际的纠纷而焦虑不安，忧心忡忡，却只有少数人能在有限的生命中活出自己的快乐。而快乐与否，主要取决于自己，取决于能否善待自己。

人生有限，不论遇到什么不顺的事情，我们都应当善待自己，让自己放轻松一些，不焦虑，不忧郁，不烦恼，不抱怨，心平气和地工作、生活。这种心境是善待自己的良好方式。

心平气和，首先就得接受自己，不对自己过分苛刻，也不看不起自己。遇到不幸和灾祸，我们会像其他人一样痛苦，但是他们能够想得开，而且能照常生活。他们也不像有些人那样，为可能发生的不幸忧心忡忡，他们会做一些必要的准备，但是不会为此身心憔悴。

心平气和的人生活得很随意，他们摸透了自己的脾气，知道自己的欲望和观点，干什么事都不用先去调查求证，或者察言观色，看别人的意见，他们只管我行我素，走自己的路。

在这个世界上，只有自己才是生命的重心，只有自己才完全属于自己，无论年少年老，无论得失成败，都是自己。苦也罢，累也罢，为着自己，无怨无悔。

当我们把自己作为生命的重心时，我们就把自己当作知己，当作朋友，心平气和地和自己谈心，交流，监督自己，惩罚自己，奖赏自己，安慰自己，没有伪装，没有隐私，获得灵魂的安宁。为自己的快乐而快乐，为自己的忧伤而忧伤。

记住：只有你才是你生命真正的重心，懂得善待自己、珍爱自己，也唯有你才能给自己最有力的肯定，才是你成长中的突破，获得永久的人生快乐。

人要活得愉快，就得少痛苦；要少痛苦，心胸就得豁达一些，宽广一些，学会宽恕自己，这就叫作宽舒人生。本来，生活就应该从容不迫，悠然自得。

假如我们不痛快，要学会原谅自己，心平气和地对待一切，这样心里就会少一点阴影。这既是对自己的爱护，又是对生命的珍惜。

给心灵洗个澡

不跟自己过不去，是一种精神的解脱，它会促使我们从容走自己选择的路，做自己喜欢的事。

Part04

打开心灵的窗户，改变心情改变事情

一栋房子如果没有窗户，温暖的阳光就无法照进来，新鲜的空气也不能飘进来。人也是一样，“心窗”没有打开的时候，就会感到气闷；“心窗”打开了，心才能够通达，心灵的视觉才更清晰、广大。

一旦窗户打开了，心灵的空间也就豁然开朗，对于一些事情也能看得更透彻了，那些让你愁眉不展、百思不得其解的事情也就迎刃而解了。

你的心态，决定你的成败

每个人都处在一定的社会环境和自然环境中，长期以来，我们已习惯于认为是环境制约了我们。其实，真正制约我们的并非是环境，而是我们的心态。在通往成功的路上，能否有一个良好的心态，直接影响着你对周围事物的理解，决定你人生的成败。

心态的不同会直接影响一个人对事物的认识。不同的人对同样事物有截然不同的认识和反应。即使是同一个人，在不同的心态下对相同事物的认识和反应也有迥然不同的情况。

事实上，心态在很大程度上决定了我们人生的成败。心态可分为积极心态和消极心态。积极心态的特点是信心、希望、诚实、爱心和踏实；消极心态的特点是悲观、失望、自卑、虚伪和欺骗。积极心态有助于发挥潜能，吸引财富、成功、快乐和健康；消极心态则排斥这些东西，夺走生活中的一切，使人终身陷在谷底，即使爬到了巅峰，也会被它拖下来。

一位微软的招聘官员曾对一个记者说："从人力资源的角度讲，我们愿意招的'微软人'，他首先应是一个非常有激情的人：对公司有激情、对技术有激情、对工作有激情。可能在一个具体的工作岗位上，你也会觉得奇怪，怎么会招这么一个人，他在这个行业涉猎不深，年纪也不大，但是他有激情，和他谈完之后，你会受到感染，愿意给他一次机会。”

始终以最佳的精神状态工作不但可以提升个人的工作业绩，而且还可以给公司带来许多意想不到的成果。

麦克是一个汽车行的经理，这家店是20家连锁店中的一个，生意相当兴隆，而且员工都热情高涨，对他们自己的工作表示骄傲。

但是麦克来此之前，情形并非如此。那时，员工们已经厌倦了这里的工作，甚至认为这里的工作枯燥至极，公司中有些人已打算辞职，可是麦克却用自己昂扬的精神状态感染了他们，让他们重新快乐地工作起来。

麦克每天第一个到达公司，微笑着向陆续到来的员工打招呼；他把自己的工作一一排列在日程表上，他创立了与顾客联谊的员工讨论会；他时常把自己的假期向后推迟。总之，他尽一切的热情和努力为公司工作。

在他的影响下，整个公司变得积极上进，业绩稳步上升。他的精神改变了周围的一切，老板因此决定把他的工作方式向其他连锁店推广。

那些每天精神饱满地去迎接人生的挑战，以积极的心态去发挥自己才能的人，都能充分发掘自己的潜能，克服挫折，进而获得成功。

给心灵洗个澡

如何看待人生、看待挫折，由我们自己决定。无论在哪种环境中，我们都有一种最后的自由，就是选择自己正确的心态。心态，才是决定成败的关键。

你要选择什么样的心态

杰瑞是个不同寻常的人。他的心情总是很好，而且对事物总是有正面的看法。

当有人问他近况如何时，他会说："我快乐无比。"

杰瑞是个饭店经理，且是个独特的经理。他换过几个饭店，由于他天生是个鼓舞者，以致有几个饭店侍应生都跟着他跳槽。

如果哪个雇员心情不好，杰瑞就会告诉他怎么去看事物的正面。

这样的生活态度实在让人好奇，终于有一天，他的朋友比尔对他说，这很难办到！一个人不可能总是看到事情光明的一面。

"你是怎么做到的？"比尔问道。

杰瑞答道："每天早上我一醒来就对自己说，杰瑞，你今天有两种选择，你可以选择心情愉快，也可以选择心情不好。我会选择心情愉快。每次有坏事发生时，我可以选择成为一个受害者，也可以选择从中学些东西。我会选择从中学习些东西。每次有人跑到我面前诉苦或抱怨，我可以选择接受他们的抱怨，也可以选择指出事情的正面。我选择后者。"

"是！对！可是没有那么容易吧。"比尔立刻声明。"就是有那么容易。"杰瑞答道，"人生就是选择。当你把无聊的东西都剔除后，每一种处境就是面临一个选择。你选择如何去面对各种处境；你选择别人的态度如何影响你的情绪；你选择心情舒畅还是糟糕透顶。归根结底，你自己选择如何面对人生。”

比尔受到杰瑞一番肺腑之言的影响，没过多久，就离开了饭店去开创自己的事业。

几年后，杰瑞出事了：有一天早上，他忘记了关后门，被三个持枪的强盗拦住了。强盗因为紧张而受了惊吓，对他开了枪。幸运的是，杰瑞被及时发现并送进了急诊室。经过十八个小时的抢救和几个星期的精心照料，杰瑞出院了，只是仍有小部分弹片留在他的体内。

事情发生后六个月，比尔见到了杰瑞，问他近况如何，他答道：“我快乐无比。想不想看看我的伤疤？”

比尔起身去看了他的伤疤，又问他当面对强盗时，他想些什么？“第一件在我脑海中浮现的事是，我应该关后门。”杰瑞答道，“当我躺在地上时，我对自己说有两个选择：一是死，一是活。我选择了活。”

“你不害怕吗？有没有失去知觉？”比尔问道。杰瑞继续说：“医护人员都很好。他们不断告诉我，我会好的。但当他们把我推进急诊室后，我看到他们脸上的表情，从他们的眼中，我读到了：他是个死人。我知道我需要采取一些行动了。”“你采取了什么行动？”比尔赶紧问。

“有个身强力壮的护士大声问我有没有对什么东西过敏。我马上答，有的。这时，所有的医生、护士都停下来等着我说下去。我深深地吸了一口气，然后大声吼道：‘子弹！’在一片大笑声中，我又说道：‘我选择活下来，请把我当活人来医，而不是死人。’”杰瑞活了下来，一方面要感谢医术高明的医生，另一方面得感谢他那积极乐观的生活态度。

生活充满了选择，杰瑞总是积极地选择正面，我们有什么理由去选择反面呢?

给心灵洗个澡

我们总会遇到很多挫折和伤害，如果采取了正确的态度去看待，一切困难都可以迎刃而解，就能看到充满温暖的阳光。

打开心窗，心情敞亮事情也顺畅

很多时候，如果让坏心情占了上风，我们就会失去理智，因为心情是很容易曲解事实，让我们无法看清现实的。被心情蒙蔽了眼睛之后，思想会变得混乱，缺乏理智；很难集中精力；常常先行为，再思考。

心情越发控制了我们的行为，就越容易做出愚蠢的决定，就越发难以看清楚事实的真相。

因此，我们要学会为心情开一扇心门，把坏心情赶走，不要让它们影响我们的工作和生活。

知名的沃尔玛商场要招考一名收银员，几经筛选，最后只剩三位小姐有幸参加复试。复试由老板亲自主持，第一位小姐刚走进老板办公室，老板便丢了一张百元钞票给她，并命令她到楼下买包香烟。

这位女孩心想，自己还未被正式录用，老板就颐指气使地命令她做事，因而感到相当不满，更认为老板故意伤害她的自尊心。

因此，老板丢出来的钱，她连看都不看，便怒气冲冲地掉头离开。

她一边走，一边还气呼呼地咒骂："哼，他凭什么支使我，这份工作不要也罢！”

第二位女孩一进来，也遇到相同的情况，只见她笑眯眯地接了钱，但是她也没有用它去买烟，因为钞票是假的。

由于她失业许久，急需一份工作，只好无奈地掏出自己的一百元真钞，为老板买了一包烟，还把找回来的钱，全交给了老板。

不过，如此尽职卖力的第二位面试者，却没有被老板录用。

因为，老板录用了第三位面试的小姐。原来，这个女孩一接到钱时，就发现钱是假的，她微笑着把假钞还给老板，并请老板重新换一张。老板开心地接过假钞，并立即与她签订合约，放心地将收银工作交给她。

三位面试者有三种截然不同的应对方式。

第一个面试者的心态，是多数老板最害怕的类型，毕竟，只会用情绪来处理事情的人，任谁也不敢将工作托付给他。

第二位面试者的处理方式，则是最不专业的表现，虽然委曲求全的人比较有敬业精神，但万一真的遇到重大问题，老板需要的不是员工委屈与退缩，而是冷静与理性的处理能力。

于是，第三位面试者成功了，因为在这件小事上，她充分表现出敬业态度和专业能力。从“接过钱”与“发现假钱”的两个小动作中，我们便能看见她的“配合度”与“专业能力”，而这才是大老板期待的最佳人选。

为心情打开一扇门，其实就是让心灵能够回归平静。心灵平静是我们与生俱来的权利，它就像我们呼吸及消化食物一样自然。当我们的身处于健康状态时，那些功能就会自然保持平衡，如果心理状态健康，我们的情绪、思考以及行为也都会维持和谐，这时我们与周遭环境就能有良好的互动关系。

给心灵洗个澡

打开你的心窗，你就能摆脱不良心境的影响，让自己的生活变得快乐幸福。

斩断束缚心灵的绳结

我们偶尔会抱怨人生的艰难，做事的不顺，其实这主要是因为我们的心中都打了或多或少的绳结，它们的存在使我们不能走出自设的围墙，看到人生的美景。

古希腊的佛里几亚国王葛第士，以非常奇妙的方法在战车的轭上打了一串结。他预言：谁能打开这串结，谁就可以征服亚洲。一直到公元前334年，仍然没有一个人能成功地将结打开。

这是亚历山大率领军队入侵小亚细亚，他来到葛第士绳结的车前，毫不犹豫的拔剑砍断了绳结。后来，他果然占领了比希腊大50倍的波斯帝国。

故事启示我们，只有勇于斩断心中的绳结，才能走出人生的困境，才能走向更遥远的前方。

在现实生活中，困扰我们的绳结不仅仅存在于我们身边，也可能在我们的心中。

有一个年轻人从家里出门，在路上他看到了一件有趣的事，正好经过一家寺院，便想考考老禅师。他说："什么是团团转？"

"皆因绳未断。"老禅师随口答道。

年轻人听了大吃一惊。

老禅师问道："什么事让你这样惊讶？"

"不，老师父，我惊讶的是，你是怎么知道的呢？"年轻人说，"我今天在来的路上，看到了一头牛被绳子穿了鼻子，拴在树上，这头牛想离开这棵树，到草场上去吃草，谁知它转来转去，就是脱不开身。我以为师父没看见，肯定答不出来，没想到你一口就说中了。"

老禅师微笑道："你问的是事，我答的是理；你问的是牛被绳缚而不得脱，我答的是心被俗务纠缠而不得解脱。一理通百事啊。"

年轻人大悟。

一只风筝，再怎么飞，也飞不上万里高空，是因为被绳子牵住；一匹马再怎么烈，也被马鞍套上任由鞭抽，是因为被绳牵住。因为一根绳子，风筝失去了天空；因为一根绳子，水牛失去了草地；因为绳子，大象失去了自由；还是因为一根绳子，骏马失去了驰骋。

细想一下，我们的人生，不也常被某些无形的绳子牵住了吗？某一阶段心情不太好，是不是自己也存在某种心索？这则故事是不是也能给自己带来一些什么启示呢？

给心灵洗个澡

一个人，只有摆脱心的绳索，才能获得期望的成功，才能享受到真正的幸福，才能体会到做人的乐趣。

挣脱囚禁心灵的枷锁

有个长发公主叫雷凡莎，她头上披着很长很长的金发，长得很俊很美。雷凡莎自幼被囚禁在古堡的塔里，和她住在一起的老巫天天念叨雷凡莎长得很丑。

一天，一位年轻英俊的王子从塔下经过，被雷凡莎的美貌惊呆了，从这以后，他天天都要到这里来，一饱眼福。雷凡莎从王子的眼睛里认清了自己的美丽，同时也从王子的眼睛进而发现了自己的自由和未来。有一天，她终于放下头上长长的金发，让王子攀着长发爬上塔顶，把她从塔里解救出来。

囚禁雷凡莎的不是别人，正是她自己，那个老巫婆是她心里迷失自我的魔鬼，她听信了魔鬼的话，以为自己长得很丑，不愿见人，就把自己囚禁在塔里。

其实，人在很多时候不就像这个长发公主吗？人心很容易被种种烦恼和物欲所捆绑。那都是自己把自己关进去的，就像长发公主，把老巫婆的话信以为真，自己认为自己长得很丑，因此把自己囚禁起来。

就是因为自己心中的枷锁，我们凡事都要考虑别人怎么想，别人的想法深深套在自己的心头，从而束缚了自己的手脚，使自己停滞不前。就是因为自己心中的枷锁，我们独特的创意被自己抹杀，认为自己无法成功；认为自己难以成为配偶心目中理想的另一半，无法成为孩子心目中理想的父母、父母心目中理想的孩子。然后，我们开始向环境低头，甚至于认命、怨天尤人。

仔细想想，很多时候，在人生的海洋中，我们就犹如一只只游动的鱼，本来可以自由自在地游动，寻找食物，赞赏海底世界的景致，享受生命的丰富情趣。但突然有一天，我们遇到了珊瑚礁，然后自己就不愿再动弹了，并且呐喊着说自己陷入绝境。这，想想不可笑吗？自己给自己营造了心灵的监狱，然后钻进去，坐以待毙。

人的一生的确充满许多坎坷，许多愧疚，许多迷惘，许多无奈，稍不留神，我们就会被自己营造的心灵的监狱所监禁。而心狱，是残害我们心灵的杀手，它在使心灵调零的同时又严重地威胁着我们的健康。

既然心狱是自己营造的，人自己就有冲出心狱的本能，那么，还是让我们自己动手，拆除心灵的监狱，挣脱心灵的枷锁，还自己一份亮丽的心灵吧！

给心灵洗个澡

打开心灵枷锁的那把钥匙，就在你的心上。请不要渴望别人的救赎，心灵的枷锁是你自己扣上的，请自己去打开枷锁。即使一无所有，即使孤身一人，即使风浪再大，也请仰起脸来微笑。深呼吸吧！释怀后的你，会变得更加轻松，更加勇猛向前。

你是胡萝卜、鸡蛋，还是咖啡豆

在工作中经常有不顺心的事情，很令人感到痛苦，此时我们应该保持一种怎样的心态呢？一般人当境遇不如意的时候，最自然的反应就是抱怨。

女儿失业了，几番努力都没有结果，她开始烦躁起来，整天在家摔摔打打，没有一副好脸色。她对父亲抱怨，抱怨事事都那么艰难。她父亲是个厨师，他把她带进厨房。他先往几个锅里倒一些水，放在旺火上烧。不久锅里的水开了。他往第一只锅里放些胡萝卜，第二只锅里放鸡蛋，最后一只锅里放入碾成粉状的咖啡豆。他将它们浸入开水中煮，一句话也不说。女儿咂咂嘴，不耐烦地期待着，纳闷父亲在做什么，大约二十分钟后，父亲把火关了，把胡萝卜捞出来放入一个碗内，把鸡蛋捞出来放入另一个碗内，然后又把咖啡豆放入一个杯子里。做完这些事，他才转过头来对女儿说：“亲爱的，你看见什么了？”“胡萝卜、鸡蛋、咖啡。”她回答。

他让她用手摸摸胡萝卜，她摸了摸，注意到它们都变软了。父亲又让女儿拿一个鸡蛋并打破它。将壳剥掉后，她看到的只是煮熟的鸡蛋。最后他让女儿喝口咖啡。品尝到香浓的咖啡，女儿笑了。她怯生生地问道：“父亲，这意味着什么？”

父亲解释道，这三样东西面临同样的逆境——煮沸的开水，但反应各不相同。胡萝卜入锅之前是强壮的，结实的，毫不示弱的，但进入开水后，它变软了，变弱了。鸡蛋原来是易碎的，它薄薄的外壳保护着它呈液体的内脏，但是经开水一煮，它的内脏变硬了。粉状咖啡豆则是独特的，进入沸水后，它们倒改变了水。“哪个是你呢？”他问女儿，“当逆境找上门来，你应该如何反应？你是胡萝卜、鸡蛋，还是咖啡豆？”

在工作中，当你遇到不顺的时候，你的角色是什么呢？你是看似强硬，但遭遇痛苦和逆境后畏缩了，变软弱了，失去了力量的胡萝卜吗？你是内心原本可塑的鸡蛋吗？你先是个性情不定的人，但经过死亡、分手、离婚或失业，是不是变得坚强了，变得倔强了？你的外壳看似从前，但你是不是因有了坚强的性格和内心而变得严厉强硬了？或者你像是咖啡豆吗？豆子改变了给它带来痛苦的开水，并在它达到212度的高温时让它散发出最佳的香味。水最烫时，它的味道更好了。如果你像咖啡豆，你会在情况最糟糕时，变得有出息了，并使周围的情况变好了。

给心灵洗个澡

问问自己是如何对待逆境的。你是胡萝卜，是鸡蛋，还是咖啡豆呢？

路曲心直，没有到不了的远方

从前有一个小和尚，在很小的时候就被遗弃在一座寺院门前，是寺中众僧把他拉扯大的。每天清晨，他要去担水、洒扫、做早课，然后去寺后的市镇购买寺中一天所需的日常用品。回来后，还要干一些杂活，晚上还要读经书到深夜。就这样，晨钟暮鼓中，十年过去了。有一天，小和尚在和其他伙伴聊天的时候，发现别人也会被分配干杂活和下山购物。但他们去的是山前的市镇，路途平坦距离也近，买的东西也大多是些比较轻的。而十年来方丈一直让他去寺后的市镇，要翻越两座山，道路崎岖难行，回来时肩上还要多了很重的物品。听了他们的话，小和尚非常纳闷，也有些委屈和气恼，心想方丈为何对我如此苛刻，便去找方丈问个清楚，他问道："为什么别人都比我自在呢？没有人强迫他们干活、读经，而我却要干个不停呢？"方丈微笑不语。

第二天中午，当小和尚扛着一袋小米从后山走来时，发现方丈正站在寺的后门等着他。方丈把他带到寺的前门，坐在那里闭目不语，小和尚不明所以，便侍立在一旁。日已偏西，前面山路上出现了几个小和尚的身影，方丈问那几个小和尚说："我一大早让你们去买盐，路这么近，又这么平坦，怎么回来得这么晚呢？""方丈，我们说说笑笑，看看风景，就到这个时候了。十年了，每天都是这样的啊！”

方丈又问身旁侍立的小和尚：“寺后的市镇那么远，翻山越岭，山路崎岖，你又扛了那么重的东西，为什么回来得还要早些呢？”小和尚说：“我每天在路上都想着早去早回。由于肩上的东西重，我才更小心去走。所以反而走得稳走得快。十年了，我已经养成了习惯，心里只有目标，没有道路了。”

方丈闻言大笑，说道：“道路平坦了，心反而不在目标了。只有在坎坷的道路上行走，才能磨炼一个人的心志啊！”

这个当年的小和尚就是后来的玄奘法师。在西去的途中，虽然水阻山隔，艰难重重，他的心中却一直闪耀着执着的光芒。

给心灵洗个澡

道路曲折并不是通向目标最大的障碍，一个人的心志才是成功的关键。只要心中的灯火不曾熄灭，即使道路再崎岖难行，前途也是光明一片。

别为小事抓狂纠结

约瑟夫·沙巴士是芝加哥的一名法官，他仲裁过四万多件不愉快的婚姻案件。他曾感叹地说："大部分婚姻生活不美满的原因，通常都是一些小事情。"还有一名地方检察官也说道："在我们的刑事案件中，有很多都是起因于一些很小的事情。比如，在酒吧里说话侮辱别人，行为粗鲁不讲礼貌，最后才导致伤害的。许多犯了错的人，都是因为自尊心受到了小小的伤害，就控制不住自己，结果酿成了伤心事。"

法律不会去管一些小事情，一个人也不该为这些小事情忧虑，如果他希望求得心理上的平静。如果你能对一些小事耸耸肩，那说明你已经变得成熟。因为只有当一个人的思想不再顾虑身边发生的一些小过失时，他才有了一种可以轻松过生活的资本。

要想克服被小事困扰的毛病，只要把自己的看法和关注点改变一下就可以了。让自己注意一些可以令自己开心的东西，做一些能令自己变得更好的事情。这样在短促的一生中，我们才不会因自己浪费了不必要的时间而伤心后悔。就如吉布林所说："生命是这样的短促，不能再顾及小事。"

有位智者说："在我们的生活中，约有90%的事情是好的，

10%的事情是不好的。如果你想过得快乐，就应该把精力放在这90%的好事上面；如果你想担忧、操劳，就可以把精力放在那10%的坏事情上面。”的确，如果我们能放手那10%的小事，那你就能过得舒心！

有些人经历了生命中许多风暴的冲击，都挺过来了，结果却让一些小事的忧虑给打败了。如果你想让自己的生命之树常青，就要让自己的心学会宽待他人和他事，就要学会放下一些小事情。当你在放下的那一刹那，你可能发现你的头顶上充满了耀眼的光彩，你收获了一片光明。为了使你的事业更加成功，为了使你的生命价值得到最大体现，请你不妨放弃人生道路上的琐琐碎碎，去拥有更加广阔的天空。

生活中，困扰我们最多的并不是巨大的挑战，而是一些琐碎的小事。这些小事很不起眼，却消耗了我们很多的精力。伏尔泰曾经说过："使人疲惫的不是远方的高山，而是鞋子里的一粒沙子。"人生短暂，千万不要为了小事而烦恼，如果你总是被小事缠绕不清，那你就是在白白浪费生命。

给心灵洗个澡

面对生活中的烦恼时，我们首先要问自己："这是我生活目标中至关重要的事情吗？为此花费时间与精力值得吗？"当你用这个标准去衡量时，相信心中就有了答案。

打开心路，迎来柳暗花明

有一则脑筋急转弯这么说："一个人要进屋子，但那扇门怎么拉也拉不开，为什么？"回答是：因为那扇门是要推开的。

生活中我们有时会犯一些诸如只知拉门进屋，不知推门的错误。其中的原因很简单，就是我们有时遇事爱钻牛角尖，不会变通。有时候，周围的环境变了，我们却不知变通，还在固执一端，钻牛角尖，认死理，结果却闹出笑话来。

《吕氏春秋》里记载：楚国有一个人搭船过江，一不小心，身上的剑掉进了河里。同船的人都劝他下水去捞，但他却不慌不忙，从身上拿出一把小刀，在剑落水的船边刻个记号，有人问："做什么用啊？"他回答说："我的剑就是从这个地方掉下去的，我作个记号，等会儿船靠岸时，我就从这个记号的地方下水去把剑找回来。"船靠岸时，他就这样去找剑，结果自然没有找到。

刻舟求剑，是一种刻板的，不知变通的思维方式。有时候我们的思想就像那把剑，环境的大船已经变了，而我们却还在那里原地不动；有时候我们也会刻舟求剑。

俗话说："变则通，通则久。"只要我们学会变通，许多事情都能变不可能为可能，都能变坏事为好事。

两个欧洲人到非洲去推销皮鞋。由于炎热，非洲人向来都是打赤脚。第一个推销员看到非洲人都打赤脚，立刻失望起来：“这些人都打赤脚，怎么会要我的鞋呢？”于是，他便沮丧而回。另一个推销员看到非洲人都赤脚，惊喜万分：“这些人都没有皮鞋穿，这皮鞋市场大得好呢！”于是，他想方设法引导非洲人购买皮鞋，最后他发大财而回。

第一个人不懂变通，一味钻牛角尖，总以为牛不喝水，便不能强按头。第二个人则不然，他会变通一下，给牛点盐吃，不就能让它喝水了嘛！

关于皮鞋的由来，据说还有这样一个典故：

早期没有鞋子穿，人们走在路上，都得忍受碎石硌脚的痛苦。某一个国家，有一个太监把国王的所有房间全铺上了牛皮，当国王踏在牛皮上时，感觉双脚非常舒服。

于是，国王下令全国各地的马路上，都必须铺上牛皮，好让国王走到哪里，都会感觉舒服。有一个大臣建议：不需要如此大费周折，只要用牛皮把国王的脚包起来，再拴上一条绳子就可以了。于是无论国王走到哪里，都感到舒服。

故事中的大臣是聪明的，他的变通，使舒服与节约两全其美。假如，我们在工作学习之余，能学会变通，随时调整自己的方向和步骤，便会有事半功倍的效果。

给心灵洗个澡

生活中，我们也应该学会变通，学会在山穷水尽的时候，转换一下心情，转换一下思路，事情说不定会“柳暗花明又一村”。

乐观之人能赢得人生的每场比赛

人生如同一只在大海中航行的帆船，掌握帆船航向与命运的舵手便是自己。有的帆船能够乘风破浪，逆水行舟，而有的却经不住风浪的考验，过早地离开大海，或是被大海无情地吞噬。

之所以会有如此大的差别，不在别的，而是因为舵手对待生活的态度不同。前者被乐观主宰，即使在浪尖上也不忘微笑；后者是悲观的信徒，即使起一点风也会让他们胆战心惊，让他们祈祷好几天。

做事成功与否，不在于一个人处于何种境地，而在于他是否持有一颗乐观的心。对于同一轮明月，在泪眼蒙眬的柳永那里就是："杨柳岸，晓风残月。此去经年，应是良辰好景虚设。"而到了潇洒飘逸、意气风发的苏轼那里，便又成为："但愿人长久，千里共婵娟。"同是一轮明月，在持不同心态的不同人眼里，便是不同的，人生也是如此。

二胡有两根弦，小提琴有四根弦。我国古代有七弦琴，"手抚七弦琴目送飞鸿"。国外乐器竖琴有十几根弦的，也有30根弦的，最多的有36根弦。这些弦相互配合才能使乐器发出和谐悦耳的音乐，一般来说，弦越多音乐效果越丰富。

但如果只有一根弦呢?

某著名音乐家在一场音乐会上演奏一首名曲，至半途，小提琴的弦忽然断了一根，这位音乐家没有中止他的演奏，而是用剩下的三根弦继续演奏。忽而又断了一根，这位音乐家一时性起，干脆自己扯断了第三根弦，只用唯一的一根弦演奏完了这首曲子，却博得了热烈掌声。

某剧团鼓手和琴师不和，某次重要演出前鼓手在琴上做了手脚，当剧情发展到高潮，琴师正以他炉火纯青的技艺演奏时，一根弦断了。琴师用唯一的一根弦继续演奏，并给观众以一种全新的具有震撼力的感受。琴师名声从此大噪，鼓手从相反的方向成就了一个名琴师。

马克思说："一种美好的心情比十服良药更能解除生理上的疲惫和痛楚。"曾有位作家说过："一个人的性格决定一个人的命运，如果说你喜欢保持你的性格，那么你就无权拒绝你的际遇。"我们的生活是阳光明媚，还是愁容满面；是披荆斩棘，勇往直前，还是缩手缩脚，停滞不前，不在于别的，而在于我们自己，在于我们能否自始至终保持愉快的心境。

给心灵洗个澡

一个人或是面对生活闲庭信步，抑或是消极被动地忍受人生的凄风苦雨，都取决于对待生活的态度。

Part05

走出心灵的城堡，静候命运的日出

生活中我们不必总是企求万事如意、好运连连。要知道，生活就如同善变的天气一样，你无法预知会发生什么，随时都会狂风大作，暴雨不断。

在生命的旅途中，各种挫折和困境会扑面而来。这时，我们的心头要有坚定的信念，就像火车过隧道，即使在黑暗中，也要看到前方的光明。只要自己心中有一方晴空，那么你终将穿越心灵的城堡，迎来光明灿烂的人生！

辛迪·克劳馥成长的启示

辛迪·克劳馥是美国名模，从小就热爱大自然。读小学时，她课余时间喜欢做的一件事是收集一种棕色蛾的茧。

到了春天，克劳馥惊喜地看着小蛾从茧里面挣扎着出来，这些降临的小生命是那样的美丽动人。

有一次，小姑娘不忍心看着一只小蛾从茧里出来时那种因备受折磨而痛苦不堪的样子，用剪刀把连续它和茧的丝剪断了。她想自己的热心帮助使受到束缚的小蛾得到解脱，当然是助了它一臂之力。不料，小蛾没有过多久的时候就死去了。

克劳馥心痛得大哭起来，根本没有意识到结果会是如此可怕。

母亲匆匆忙忙地走了过来。在弄清了事情的原委后，她轻轻地拍着女儿的肩膀说："亲爱的，小蛾从茧里面出来时必定是要拼搏奋斗，不可能舒舒服服。因为只有这样，它才能使身体里面的废物排除干净。如果让其留在体内，小蛾就会变得先天不足而活不成。"

克劳馥睁着大眼睛，认真地听着。后来随着阅历的增加，她慢慢地体会到，人也像小蛾一样，离开了努力奋斗，也会变得软弱无力，某些宝贵的东西便会消失得一干二净。

克劳馥不敢懈怠，勤学苦练，终于成为世界大名模。

给心灵洗个澡

人只有经过努力奋斗，才能使自己变得坚强，面对困苦磨难，我们只有勇往直前。

巨星史泰龙的成名路

在美国，有一位穷困潦倒的年轻人，即使把身上全部的钱加起来都不够买一件像样的西服的时候，仍全心全意地坚持着自己心中的梦想，他想做演员，拍电影，当明星。

当时，好莱坞共有500家电影公司，他逐一数过，并且不止一遍。后来，他又根据自己认真拟定的路线与排列好的名单顺序，带着自己写好的量身定做的剧本前去拜访。但一遍下来，所有的500家电影公司没有一家愿意聘用他。

面对百分之百的拒绝，这位年轻人没有灰心，从最后一家被拒绝的电影公司出来之后，他又从第一家开始，继续他的第二轮拜访与自我推荐。

在第二轮的拜访中，500家电影公司依然拒绝了他。

第三轮的拜访结果仍与第二轮相同。这位年轻人又开始他的第四轮拜访，当拜访完第349家后，第350家电影公司的老板破天荒地答应愿意让他留下剧本先看一看。

几天后，年轻人获得通知，请他前去详细商谈。

就在这次商谈中，这家公司决定投资开拍这部电影，并请这位年轻人担任自己所写剧本中的男主角。这部电影名叫《洛奇》。

这位年轻人的名字叫席维斯·史泰龙。现在翻开电影史，这部叫《洛奇》的电影与这个日后红遍全世界的巨星皆榜上有名。

很多时候，我们自认为“不走运”，于是伴随我们的可能是消极抑郁、悲观绝望情绪。“假如生活欺骗了你”，事情的结局太出乎我们预料，对自己打击太大，不妨笃信“苦尽甘来”的哲理，不要忧愁、不要悲伤、不要心急，更不要凄凄惨惨戚戚。你需要做的，就是坚守自己的信念，朝着自己定下的目标坚定不移地走下去。

人们都希望自己的生活中能够多一些快乐，少一些痛苦，多一些顺利，少一些挫折。可是命运却似乎总爱捉弄人、折磨人，总是给人以更多的失落、痛苦和挫折。此时，我们要知道，困境和挫折也不一定会是坏事，它可能使我们的思想更清醒、更深刻，意志更坚强、更坚定，心灵更成熟、更完美。最终，你会发现，正是你以前所受的那些苦难，所经历的那些磨炼，成就了你今天的辉煌。

给心灵洗个澡

在这个世界上，有阳光，就必定有乌云；有晴天，就必定有风雨。从乌云中解脱出来的阳光比从前更加灿烂，经历过风雨的天空才能绽放出美丽的彩虹。

卖三明治的“亿万富翁”

一位泰国企业家玩腻了股票，他改行把自己所有的积蓄和从银行贷到的大笔资金投入到房地产业中去，在曼谷市郊盖了十五幢配有高尔夫球场的豪华别墅。但时运不济，他的别墅刚刚盖好，亚洲金融风暴出现了，别墅卖不出去，贷款还不出，这位企业家只能眼睁睁地看着别墅被银行没收，连自己住的房子也被拿去抵押，还欠了相当一笔债务。

这位企业家的情绪一时低落到了极点，他怎么也没想到对做生意一向轻车熟路的自己会陷入这种困境。

他决定重新白手起家。他的太太是做三明治的高手，她建议丈夫去街上叫卖三明治，企业家经过一番思索后答应了妻子的请求。从此曼谷的街头多了一个头戴小白帽、胸前挂着售货箱的小贩。

昔日亿万富翁沿街卖三明治的消息不胫而走，买三明治的人骤然增多，有的顾客出于好奇，有的出于同情。许多人吃了这位企业家的三明治后，为这种三明治的独特口味所吸引，经常买企业家的三明治，回头客不断增多。现在这位泰国企业家的三明治生意越做越大，慢慢地他走出了人生的低谷。

他叫施利华，几年来，他以自己不屈的奋斗精神赢得了人们的尊重。在1998年泰国《民族报》评选的“泰国十大杰出企业家”中，他名列榜首。作为一个创造过非凡业绩的企业家，施利华曾经备受人们关注，在他事业的鼎盛期，不要说自己亲自上街叫卖，寻常人想见一见他也很难。上街卖三明治不是一件怎样惊天动地的大事，但对于过惯了发号施令的施利华，无疑需要极大的勇气。

人的一生会碰上许多挡路的石头，这些石头有的是别人放的，如金融危机、贫穷、灾祸和失业等，它们成为石头并不以你的意志为转移；有些是自己放的，如名誉、面子、地位和身份等，它们完全取决于一个人的心性。生活最后成就了施利华，它掀翻了一个房地产经理，却扶起了一个三明治老板，让施利华重新收获了生命的成功。

如果你一夜之间从亿万富翁变成穷光蛋，你是否有勇气沿街叫卖三明治？

给心灵洗个澡

沉住气的人能成大事，经历得起大起大落的人也才能取得成功。

信心是半个生命，淡漠是半个死亡

有一位老人在十年前被诊断出患了癌症，医生预测他的生命最多还有两年。面对癌症，老人始终保持着一种乐观向上的情绪，不管病情发生多大变化，他从不气馁和颓废。在积极配合医务人员治疗的同时，他还积极参加自己力所能及的体育锻炼。就这样，他已平安度过了十个春秋。在一次闲聊中我问他，是什么神奇的力量支撑着他活了这么多年，老人笑着对我说："是信心，几乎每天早晨，我都对自己说，我不会倒下去，我还有许多事情要做，我一定能把病治好。"

人活着离不开信心。对于养生来说，信心是一剂驱逐百病的灵丹妙药。现代医学证明，如果一个人的自信心十分坚定而持久，就可以提高抵抗疾病的能力。疾病，尤其是比较严重或久治不愈的疾病，不仅折磨着人的肉体，而且同时也摧残着人的精神。因此，在疾病面前，意志薄弱者往往丧失信心，从而被疾病击垮，促使病情恶化。我国唐代著名诗人白居易在四十岁时突患重病，一时间头发皓白，牙齿脱落，身体十分虚弱。然而，他并没有被疾病吓倒，而是抱着一种战胜疾病的勇气和信心，用乐观的态度对待人生，终于在不断治疗和运动中战胜了病魔，成为我国古代文学界长寿老人之一。

诗人说，信心是半个生命，淡漠是半个死亡。老年人能否健康长寿，因素固然有许多，但信心是重要的一条。有健康的精神，才有健康的身体。靠坚强的信心，就能祛病健身，就能健康长寿。信心是精神支柱，一个人只要精神不倒，就能顽强地活下去，战斗下去。从这个意义上说，信心不仅是半个生命，而且是整个生命。

人到老年，由于经历了几十年的凄风苦雨，染有重病者总有十之八九。然而，生命或许很脆弱，但是有了信心，生命就能强健起来；生命极易萎缩，但是有了信心，生命就能挺拔和旺盛。

信心所给予生命的，不只是一种依托，一种凭借，一种支持，信心给予生命的，是永远的坚强和力量。

给心灵洗个澡

当生命处于危机时，信心就是半个生命，支持你顽强地活下去。

走好心灵的独木桥

弗洛姆是美国一位著名的心理学家。一天，几个学生向他请教：心态对一个人会产生什么样的影响?

他微微一笑，什么也不说，就把他们带到一间黑暗的房子里。在他的引导下，学生们很快就穿过了这间伸手不见五指的神秘房间。接着弗洛姆打开房间里的一盏灯，在这昏黄如烛的灯光下，学生们才看清楚房间的布置，不禁吓出了一身冷汗。原来，这间房子的地面就是一个很深很大的水池，池子里蠕动着各种毒蛇，包括一条大蟒蛇和三条眼镜蛇，有好几只毒蛇正高高地昂着头，朝他们“滋滋”地吐着信子。就在蛇池的上方，搭着一座很窄的木桥，他们刚才就是从这座木桥上走过来的。

弗洛姆看着他们，问：“现在，你们还愿意再次走过这座桥吗？”大家你看看我，我看看你，都不作声。

过了片刻，终于有三个学生犹犹豫豫地站了出来。其中一个学生一上桥，就异常小心地挪动着双脚，速度比第一次慢了好多；另一个学生战战兢兢地踩在小木桥上，身子不由自主地颤抖着，才走到一半，就挺不住了；第三个学生干脆弯下身来，慢慢地趴在小桥上爬了过去。

“啪”，弗洛姆又打开了房内另外几盏灯，强烈的灯光一下子把整个房间照耀得如同白昼。学生们揉揉眼睛再仔细看，才发现在小木桥的下方装着一道安全网，只是因为网线的颜色暗淡，他们刚才没有看出来。弗洛姆大声地问：“你们现在还有谁愿意通过这座小桥？”

学生们没有作声，“你们为什么不愿意呢？”弗洛姆问道。“这张安全网的质量可靠吗？”学生心有余悸地反问。

弗洛姆笑了：“我可以解答你们的疑问了，这座桥本来不难走，可是桥下的毒蛇对你们造成了心理威慑，于是，你们就失去了平静的心态，乱了方寸，慌了手脚，表现出各种程度的胆怯——心态对行为当然是有影响的。”

人生又何尝不是如此呢？在面对各种挑战时，也许失败的原因不是因为势单力薄，不是因为智能低下，也不是没有把整个局势分析透彻，反而是把困难看得太清楚，分析得太透彻，考虑得太详尽，才会被困难吓倒，举步维艰。倒是那些没把困难完全看清楚的人，更能够勇往直前。

给心灵洗个澡

如果我们在通过心灵的独木桥时，能够忘记背景，忽略险恶，专心走好自己脚下的路，就能轻松愉快地快步到达目的地。

跳过心灵的沟壑

那一年，他的心随着春天的到来一直在蠢蠢欲动，心底有种蛰伏已久的欲望在折磨着他，他一直在进退权衡间度过。他在一家机关工作，待遇不算低，工作不算坏，但是也不能算特别好。每天的工作很清闲，在旁人看来，他的生活不错，他有时也是这么认为的。但是，在一张报纸和一杯清茶之余，他也还有些残留的梦想。如果这样的生活要过一辈子，他又有些心不甘，看着身边的一些好朋友进外企、下海经商，他那颗还算年轻的心也忍不住骚动。

他也想试着重新起飞，去外面的世界闯一闯。但是在现实生活中，有太多的压力和顾虑：他已经过了不惑之年，自己都怀疑自己能否吃得了那份苦，一切都得从头开始，其中要饱尝的辛酸苦辣自然是少不了的；离开了机关那份旱涝保收的收入和福利，他有一种没有安全感的恐惧，对于能否干出点名堂来他也心存疑虑；他想去外企，可是有些畏惧外语和高学历的门槛，那里可是人才济济，竞争激烈啊……

在这种犹犹豫豫之间，他感觉身心疲惫，需要放松一下，否则，在没有最终决定之前，他会崩溃的。

周日，他和一个朋友去郊外爬山。太阳就要落山了，他们还在山顶，如果原路返回还需要两三个小时的时间，那时，天就黑了；如果走另外一条捷径，不到一个小时就可以下山，但是要跨过一条小沟。那小沟大概有几米深，沟里是潺潺的溪水，黄昏里发出的那种响亮而空洞的声音让人联想到不慎失足掉下去后的惨烈。他们在沟前犹豫了很久。天一点一点地暗了下来。这时候一个女孩站了出来。她拿了一根树枝在沟之间比画了一下，然后放在地上，说："沟就是那么宽的距离，大家跳过去试试看。"大家很轻易就在平地上跳过了那个和沟宽差不多的距离。但是面对溪水哗哗的小沟，有人还是在犹豫。女孩第一个跳过去了。大家相互鼓励着，一个个也都跳过去了，包括他。

他们很快就下了山。在道路上，他们还发现了一大片粉红嫩白的桃花。在这样一个落英时节，那绚烂的色彩不能不算是一道令人惊喜的风景。而下山没多久，就下雨了，又大又急。大家都笑着说，那小沟并没有我们想象中的可怕嘛！可怕的只是我们心中的想象。我们一抬腿，不就过来了吗？现在已世事难料，安全也不是绝对的。如果我们当时选择熟悉的那条路回来，现在已成了落汤鸡了。

那次经历给他留下了深刻的印象，他总是会想起那次郊游，想起那个小沟，想起那片美丽的桃花林，很快，他就辞职去了上海。他先是按照自己的愿望，去了一家外企。几年中，他遇到了各种各样的沟沟坎坎。每次面临是进是退的选择时，他也还会有恐惧和疑虑。其实，跳过去，跳过心中的那道沟，就那么简单，机会有时候是隐藏在可能失足的沟壑里的。人需要的，只是那一抬腿的勇气。

他最终跳过了自己心中的那条沟。试想，如果他当初惧怕失败，不冒风险，求稳怕乱，平平稳稳地过一辈子，虽然生活“比上不足，比下有余”，可靠、安稳，但那是多么的无聊，更重要的是，埋葬了自己一生的梦想。与其平庸地过一辈子，不如轰轰烈烈地干一场。

给心灵洗个澡

许多人没有成功，埋怨没有机遇，没有资金，没有发展的空间，根本的原因在于他们缺少魄力，缺少冲出自筑的藩篱的勇气，从而把追求理想的美梦紧闭起来。魄力，沉睡在人体内，一旦被唤醒，人就会做出许多神奇的事情来。

跃过心灵的低谷

人生难免遇到低潮，当我们碰到低潮时，谁来拍拍我们的肩膀，给我们打气呢？

事实上，当我们碰到低潮时，真正能为我们打气的人寥寥无几。或许你的老师、长辈会为你打气，但他们也不可能天天拍着你的肩膀。父母兄弟呢？他们当然疼爱你，但他们却又是最有可能打击你的人——很多父母看到陷入低潮的子女，不但没有鼓舞，反而不断责骂。很多兄弟之间也是如此。

当你碰到低潮时，要自己鼓励自己！

我们并不否定别人的鼓励作用，事实上，别人的鼓励会让你暂时走出无助，找到振臂一呼的感觉。可那股奋起的力量终究会昙花一现的。

千万别乞求、期望得到别人的鼓励，因为那只会让你像个可怜虫，这种鼓励带有怜悯的意味。千万别依靠别人的鼓励来产生勇气和力量，因为你未来的路还会有许多坎坷，不是每一次你低潮的时候，都会有人来鼓励你。

要学会自己鼓励自己，让勇气和力量在自己心中油然而生。这样，你内在的能量就好比开了泉眼，泉水自己源源涌出，任何时候、任何状况，你都可自己取用。

遇到低潮时，你首先要有的就是“活下去”的决心，因为这是“自己鼓励自己”的先决条件。

你要告诉你自己：我一定要走过这个低潮，我要做给别人看，向所有人证明我的强韧！我要为自己争一口气，不要被别人看轻。

有了这样坚定的信念，你便会从此崛起、无所不能。当然生活中还会有挫折、沮丧和漫漫长夜的等待，只要你秉着一支希望的烛，播下辛勤的种子，人生便会收获丰硕的果实。

你可以在墙上贴满励志标语，每天在固定的时间默念；你可以找个僻静的地方，痛快地流泪；你可以拼命看成功人物的传记；你可以借助运动来强化意志，忘却沮丧。

给心灵洗个澡

当你遭遇心灵低谷的时候，仍要把头抬起来，把腰板儿挺起来。坚强一点！挺一挺就过去了！

蹚过心灵的冰河

在北极圈附近生活着一种群居的驯鹿，每年它们要在生活区内南北穿越几百里，以此选择它们生存的栖息地。当北极圈一带的冬天到来，冰雪封山时，它们就要穿越生活区南边一条近百米宽的冰河，忍着时刻被冻死或饿死的危险越过河去。但河水不结出厚厚的冰它们是过不去的。它们要在寒风中等待着河上结出厚冰。在这期间，驯鹿们相互依偎在枯草或山岩的缝隙中藏身。但总有一些驯鹿被冻死在河的北岸。只有那部分幸存者们踩着冰河，在河的南岸上找到它们的越冬栖息地。当春天再来，河北岸上它们原来的生活区里又泛出绿色时，它们又得重回故里。并不完全因为它们思念这山或草，而是因为另一种更残酷的命运在等待它们。

春天一到，驯鹿们暂时寄居越冬的稀疏草地上，各种猛兽都纷纷从更远的南方北迁，重回到它们原来的生活区。所以驯鹿们又不得不穿越冰河，重返自己的家园。这是一种近乎残酷的回归。

这条冰河成了驯鹿们生命旅途中唯一逃命的跳板。冲不过冰河，它们就会被那些南回的猛兽们吃掉，那片草地仅仅是驯鹿们临时的寄居地。然而，刚解冻的冰河水流湍急，它们只有踩着漂浮在水流上的一个个大冰块，顺着水流漂回家园。有的在河岸上挨不住冷被冻死，有的从冰块上滑进水中被淹死，场面非常惨烈。

面对这残酷至极的求生之境，驯鹿们却坚韧地站立在风中；面对凛凛冰河，遥望家园，静待远山那一抹淡淡的希望绿色。这是多么顽强的一种求生。在人生的长河中，我们有时也会遇上这种生死存亡的大遭遇。那么，你有驯鹿一样的勇敢吗？敢像驯鹿一样，直面现实，迈向坎坷，向一切艰难或不幸，作最决绝的挑战吗？

给心灵洗个澡

不论前途多么崎岖，它注定要为你延伸一条冰河，勇敢坚定地穿过它，你就能拥抱成功！

你至少有一个希望的“梨”

有一位旅行者在独自穿过沙漠时迷失了方向，更为可怕的是他已吃完最后一份干粮，喝完最后一滴水。翻遍所有的衣袋，他只找到一个发黄的梨。

“哦，我还有一个梨！”他惊喜地喊道。他攥着那个梨，深一脚浅一脚地在大漠里寻找着出路。整整两个昼夜过去了，他仍未走出空旷的大沙漠，饥饿、干渴、疲惫一起涌上来，望着茫茫无际的沙海，好几次他都觉得自己快要支撑不住了，可是看一眼手里的梨，他抿抿干裂的嘴唇，陡然又添了些许力量。

顶着炎炎烈日，他又继续艰难地跋涉。已数不清摔了多少跟头了，只是每一次他都挣扎着爬起来，踉跄着一点点地往前挪，他心中不停地默念着：“我还有一个梨，我还有一个梨……”

三天之后，他终于走出了大沙漠，那个他始终未曾咬过一口的梨，已干巴得不成样子了。他还当作宝贝似地捧在手中，久久地凝视着。

当你感觉自己一无所有时，请你握紧手中仅剩的梨，这个梨就是你前行中的利剑，让你势如破竹，无往而不利。

不要轻易说自己什么都没有，至少还有一个“梨”，它就是希望，是走出绝境的福星。

给心灵洗个澡

在生命的长河中，有时我们会陷入意料不到的沼泽里。这时，不要轻易地说自己什么都没有，至少你还有信念，有信念就能战胜一切。

穿越沙漠见绿洲

在茫茫无垠的沙漠中，有一支探险队在负重跋涉前进。

沙漠中阳光很强烈。干燥的风沙漫天飞舞，而口渴如焚的队员们没有了水。

当队员们失望地准备把生命交付给这茫茫戈壁时，探险队的队长从腰间拿出一只水壶，说："这里还有一壶水。但穿越沙漠前，谁也不能喝。"

水壶从队员们手里依次传递开来，沉沉的，一种充满生机的幸福和喜悦在每个队员濒临绝望的脸上弥漫开来。

终于，探险队员们一步步挣脱了死亡线，顽强地穿越了茫茫沙漠，看到了生机勃勃的绿洲。当他们相拥着为成功喜极而泣的时候，突然想到那壶给了他们精神和信念以支撑的水。

拧开壶盖，汩汩流出的却是满满一壶沙。

无论生命处于何种境地，只要心中藏着一片清凉，生命自会有一个诗意的栖息地。

人生最宝贵的财富之一便是希望，所以罗素说："从感情上讲，未来比过去更重要，甚至比现在还重要。"

在生活的困境中充满希望，这是成功者和失败者的一个基本的区别，成功者永远不会失去希望，他只会坚持不懈寻求更多的方法把事情做成。

希望是引爆生命潜能的导火索，是激发生命激情的催化剂。一个人只要活着，就有希望。只要抱有希望，生命便不会枯竭。

在这个世界上，有许多事情我们无法预料，每天给自己一个希望，我们就有勇气和力量面对生活的种种不幸福。

我们不能控制机遇，却可以掌握自己；我们无法预知未来，却可以把握现在；我们不知道自己的生命到底有多长，我们却可以安排当下的生活；我们左右不了变化无常的天气，却可以调整自己的心情。只要活着，就有希望，只要每天给自己一个希望，我们的人生就一定不会失色。

给心灵洗个澡

把希望高擎在手中，让它照亮自己的生命之路。这样，你永远会活得生机勃勃，激昂澎湃，你的人生也会因此而丰盈富足。

只需一点阳光，心灵就能发芽开花

很久以前，为了开辟新的街道，伦敦拆除了许多陈旧的楼。然而新路却久久没能开工，旧楼房的废墟晾在那里，任凭日晒雨淋。

有一天，一群自然科学家来到这里，他们发现，在这一片多年未见天日的旧地基上，这些日子里因为接触了春天的阳光雨露，竟长出了一片野花野草。

奇怪的是，其中有一些花草却是在英国从来没有见过的，它们通常只生长在地中海沿岸国家。这些被拆除的楼房，大多是在古罗马人沿着泰晤士河进攻英国的时候建造的。

这些花草的种子多半就是那个时候被带到了这里，它们被压在沉重的石头砖瓦之下，一年又一年，几乎已经完全丧失了生存的机会。但令人感到意外的是，一旦它们见到阳光，就立刻恢复了勃勃生机，绽开了一朵朵美丽的鲜花。

其实，人的生命也是如此。一个人，不管他经受了多少打击，也不管他经历了多少苦难，一旦爱的阳光照耀在了他的身上，他便能治愈创伤，便能重获希望，便能萌生出新的生机，哪怕是在荒凉恶劣的环境里，也依然能够放射出自己的光和热。

给心灵洗个澡

在挫折和逆境中保持旺盛的斗志、蓄势待发的人，就像被埋藏了数千年的花草种子，只要有一点阳光，就会迅速地发芽开花。

坚持！前面就是亮丽的彩虹

有一个女孩对足球十分痴迷，一个偶然机会，她被父亲送到了体校学踢足球。

在体校女孩并不是一个很出色的球员，因为此前她并没有受过规范的训练，踢球的动作、感觉都比不上先入校的队友。女孩上场训练踢球时常常受到队友们的奚落，说她是“野路子”球员，女孩为此情绪一度很低落。每个队员踢足球的目标就是进职业队打上主力。这时，职业队也经常去体校挑选后备力量，每次选人，女孩都卖力地踢球，然而终场哨响，女孩总是没有被选中，而她的队友已经有不少陆续进了职业队，没选中的也有人悄悄离队。于是，平时训练最刻苦认真的女孩便去找一直对她赞赏有加的教练，教练总是很委婉地说：“名额不够，下一次就是你。”天真的女孩似乎看到了希望，树立了信心，又努力地接着练了下去。

一年之后，女孩仍没有被选上，她实在没有信心再练下去，她认为自己虽然场上意识不错，但个头太矮，又是半路出家，再加上每次选人时，她都迫切希望被选中，因此上场后就显得紧张，导致平时的训练水平发挥不出来。她为自己在足球道路上黯淡的前程感到迷茫，就有了离开体校放弃踢球生涯的打算。

这天，她没有参加训练，而是告诉教练说：“看来我不适合踢足球了，我想读书，想考大学。”教练见女孩去意已决，默默地看着她，什么也没说。然而，第二天女孩却收到了职业队的录取通知书。她激动不已地立马前去报了到。其实，她骨子里还是喜欢着足球。女孩这次很高兴地跑去找教练，她发现教练的眼中同她一样闪烁着喜悦的光芒。教练这次开口说话了：“孩子，以前我总说下一次就是你，其实那句话不是真的，我是不想告诉你说你的球艺还不精，怕打击你希望你能一直努力下去！”女孩一下子什么都明白了。

在职业队受到良好系统实战训练后女孩充满信心，她很快便脱颖而出。她就是获得20世纪世界最佳女子足球运动员的我国球星孙雯。

后来，孙雯讲述这段往事时，感慨地说：“一个人在人生低谷中徘徊，感觉自己支持不下去的时候，其实就是黎明的前夜，只要你坚持一下，再坚持一下，前面肯定是一道亮丽的彩虹。”

给心灵洗个澡

“下一次就是你”，只能证明我们在某些方面还有缺陷，仍需努力付出。只要不断充实、完善自己，时刻准备着，在逆境中绝不放弃，再坚持一下，那么，下一次见到彩虹的就是你。

Part06

拓宽心灵的宽度，拓展人性的高度

我们常常将他人对待自己的误解铭记于心，对别人的指责耿耿于怀，为了人际中的一点不快将自己弄得疲惫不堪。“心狭则路窄”，我们何不放开心胸，与人和谐相处呢？

心灵的宽度决定人格的高度、灵魂的高度和人生的高度。一个人有了宽广的胸怀，他在生活中便多了理解，多了宽容，多了温和，多了宠辱不惊的气度，他也更能体会到心灵的宁静、人际的和谐和人性的美好。有了宽舒的心灵、豁达的心胸，才有了人生的舒展和开阔。

第六只戒指

美国经济大萧条时期，十八岁的姑娘曼莎好不容易才找到一份在一家高级珠宝店当售货员的工作。在圣诞节的前一天，店里来了一位三十岁左右的男顾客。他虽然穿着很整齐干净，看上去很有修养，但很明显，这也是一个遭受失业打击的不幸的人。

此时，店里只有曼莎一个人，其他几个职员刚刚出去。

曼莎向他打招呼时，男子不自然地笑了一下，目光从曼莎的脸上慌忙躲闪开，仿佛在说：你不用理我，我只是看看。

这时，电话铃响了。曼莎去接电话，一不小心，将摆在柜台上的盘子弄翻了，盘子里装着的六枚精美绝伦的金戒指掉在了地上。姑娘慌忙去捡。可她捡回了五枚以后，却怎么也找不到第六只戒指。当她抬起头时，看到那位男子正向门口走去，顿时，她明白了那第六只戒指在哪里。

当男子的手将要触到门框时，曼莎柔声叫道："对不起，先生。"

那男子转过身来，两个人相视无言，足足有一分钟。曼莎的心在狂跳，他要是来粗的怎么办？他会不会……

"什么事？"他终于开口说道。

曼莎极力压住心跳，鼓足勇气，说道："先生，这是我头回工作，现在找个事真不容易，是不是？”

男子长久地审视着她，良久，一丝微笑在他脸上浮现出来，曼莎终于也平静下来，她也微笑着看着他，两人就像老朋友见面似的那样亲切自然。

“是的，的确如此。”他回答，“但是我能肯定，你在这里会干得不错。”

停了一下，他向她走去，并把手伸给她：

“我可以为你祝福吗？”

紧紧地握完手后，他转身缓缓地走向门口。

曼莎目送他的身影在门外消失，转身走回柜台，把手中的戒指放回原处。她的眼睛有些湿润，她心里想：上帝呀，这些日子赶快过去，让大家都好起来吧。

理解，宽容，以人心打动人心，聪明善良的姑娘找到了最好的解决问题的方法。不仅男子没有被抓，女孩没有丢工作，而且两个人心中还都有一丝丝人情的温暖。

给心灵洗个澡

尽可能少犯错误，这是做人的准则；不犯错误，那是天使的梦想。现实生活中的每一个人，都是避免不了要犯错误的。在别人出现错误时，以理解的心宽容别人，这绝不是软弱，而是一种人生中的哲学。

白隐禅师的胸襟

有这样一则故事。

有一位叫白隐的禅师，是位生活纯净的修行者，因此受到乡里居民的称颂，都认为他是个可敬的圣者。在白隐禅师的住处附近住着一对夫妇，他们有一个漂亮的女儿，有一天夫妇俩愕然发现女儿已有身孕。夫妇俩勃然大怒，逼问女儿那个可恶的男人是谁？女儿吞吞吐吐说出白隐两字。夫妇俩怒不可遏地去找白隐理论，但这位大师不置可否，只是若无其事地回答："就是这样吗？"孩子生下来后，就被送给白隐。此时，他的名誉虽然已扫地，但他并不以为然，只是非常细心地照顾孩子。平时免不了遭受别人的白眼或冷嘲热讽，但他总是泰然处之，仿佛他是受托抚养别人的孩子一般。后来孩子的母亲实在觉得羞愧，终于老实向父母吐露实情：孩子的父亲是在鱼市工作的一个年轻人。她的父母立即带她到白隐那里，向他道歉，并祈求得到他的宽恕。白隐仍然淡然如水，他没有趁机教训他们，仍说那句淡淡的话："就是这样吗？"仿佛不曾发生过什么事。白隐超乎"忍辱"的德行，赢得了更多、更久的称颂。

想想我们遇到一点挫折或委屈就容易产生的消沉和迷惘，我们应该感到汗颜，这比之白隐又算得了什么？白隐泰然自若、淡然处之的气度，不但体现了他的品德、修养，而且他的所为也蕴含了一种无限的智慧。假如一开始白隐就据理力争，他的形象也许就不那样完美了。使恒久的忍耐化为无形的坚毅，使无数的干戈化为玉帛，白隐的宽容实际也是一种高深的智慧。

在我们生命流逝的过程中，矛盾、争议和误解几乎无所不在，朋友之间、同事之间、甚至亲人之间都需要我们心平气和的宽容。如果没有宽容，如果不能宽容，而是带着误会、埋怨甚至愤恨投入到工作生活当中，这样不但使工作得不到应有的进展，生活也不会和谐与快乐。蔺相如接受廉颇的“负荆请罪”，唐太宗接纳魏征无视礼节的行谏以及刘备“三顾茅庐”……他们的坦荡胸襟实际也是一种智慧。

给心灵洗个澡

宽容是一门很深的艺术。而学会宽容豁达、心怀坦荡地去为人处世，将使我们受益一生。

智者的四句箴言

一位十六岁的少年去拜访一位年长的智者。他问："我如何才能变成一个自己快乐、也能够给别人快乐的人呢？"

智者说："我送给你四句话。第一句话是，把自己当成别人。"

少年回答说："是不是说，在我感到痛苦忧伤的时候，就把自己当成是别人，这样痛苦就自然减轻了；当我欣喜若狂之时，把自己当成别人，那些狂喜也会变得平和中正一些？"

智者微微点头，接着说："第二句话，把别人当成自己。"

少年沉思一会儿，说："这样就可以真正同情别人的不幸，理解别人的需求，并且在别人需要的时候给予恰当的帮助？"

智者两眼发光，继续说道："第三句话，把别人当成别人。"

少年说："这句话的意思是不是说，要充分地尊重每个人的独立性，在任何情形下都不可侵犯他人的核心领地？"

智者哈哈大笑着说："第四句话是，把自己当成自己。"

少年说："这句话的含义，我一时体会不出。但这四句话之间就有许多自相矛盾之处，我用什么才能把它们统一起来呢？"

智者说："很简单，用一生的时间和经历。"少年沉默了很久，然后叩首告别。

后来少年变成了中年人，又变成了老人。人们都说他是一位智者，因为他是一个快乐的人，而且也给每一个见到过他的人带来了快乐。

听完了故事，你从中受到启发了吗？

给心灵洗个澡

人与人之间如果能够做到理解、宽容、相互尊重，让别人因为你活着而得到益处，你就能获得美好的人生。

刻在沙上和石上的友谊

人间多少悲剧，多少恐怖，皆因人没有宽容心而发生！不能宽容，实和愚昧同义，而且这种愚昧，不是野蛮人和暴徒的愚昧——因为他们对于世间的事物认识不清，而是一种由隔膜而误会，由误会而发怒，使自己深受其害的因素。

法国谚语说："能够了解一切事物，就能宽容一切事物。"所以我们如果要做一个文明的人，就要了解人间的事物，对于别人的小过失，该予以宽容，切不可加以谴责，而伤了别人的自尊，影响彼此的和气。

两个朋友在沙漠旅行，旅途中他们为了一件小事而发生争吵，其中一个人还打了另一个人一记耳光。

被打的人觉得深受屈辱，独自走到帐篷外，一言不发地在沙子上写下了一句话："今天我的好朋友打了我一巴掌。"

然后，他们继续往前走，一直到一片绿洲，停下来饮水和洗澡。在河边，那个被打了一巴掌的人差点被淹死，幸好朋友救起了他。上岸后，那个人拿了一把小剑在石头上刻下了一句话："今天我的好朋友救了我一命。"

朋友看到后好奇地问道："为什么我打了你后，你要写在沙子上，而现在要刻在石头上呢？"

那个人笑着回答说："当被一个朋友伤害时，要写在易忘的地方，风会负责抹去它；相反，如果被帮助，我们要把它刻在心里的深处，那里任何风都不能磨灭它。"

给心灵洗个澡

忘掉朋友对你的不好，记着朋友对你的好，这就是宽容与感恩。互相宽容的朋友一定百年同舟；互相宽容的夫妻一定百年共枕；互相宽容的世界一定和平美丽。

友谊的心灵大富翁

纽约的一位大富翁去世时，除了他的直系亲属之外，只有不到六个人参加了他的葬礼。然而在几周之后，另一个人去世时，整个大教堂被挤得水泄不通，街道上全是自动聚集起来向这位死者表示最后敬意的人群，尽管在他身后留下的财产不到一千美元。

后者之所以能够得到这样的殊荣，是因为他爱自己的朋友就像守财奴爱黄金美元一样。任何一个认识他的人似乎都是他的朋友。他引以为豪的是，他是友谊上的大富翁，而不是他能够拥有多少金钱。即便他只剩下最后一个美元，他也会和其他需要的人分享。他丝毫不吝惜向他人提供自己的服务和帮助。他把自己奉献给了朋友们——这种奉献是毫无保留的、真诚的、慷慨的和宽宏大量的。在他的一生中，没有表露出任何出于为自己打算的痕迹。在这样的一个人逝世时，成千上万的人都认为这是一个重大的个人损失，难道这不是最自然不过的吗？

塞涅卡这样说："友谊必须是无保留的；在你伸出友谊之手之前，你可以尽可能地深思熟虑，但是，友谊一经形成，便不能再犹豫徘徊或妒火中烧……友谊是需要时间考验的，一旦你下了决心，你就应该让对方进入你的心灵深处……友谊的目的是找到一个能够比我们自己更知心的人，为了拯救他的生命，我们将乐意牺牲自己。请记住这样一个原则，那就是只有明智的人才能成为朋友，而其他的人充其量只是伙伴。”

只有那些愿意为他人提供慷慨无私的帮助，甚至愿意为此献出自己宝贵生命的人，才能够意识到，只有通过细心的播种，才会有甜美的丰收。那些只懂得拼命索取而不愿付出的人是不可能得到真正的财富的。他就像一个过于看重自己的种子而舍不得播种的农民一样，把种子储藏起来，幻想着有一天会因囤积的谷种而变得更加富有。他不把谷子播种到土壤里，因为他看不到种子所能带来的丰收。人生和友谊也是如此，我们自身在这个世界上能够得到多大的发展，是和我们在多大程度上帮助其他人前进密不可分的。

或许在我们所生活的这块大陆上，最富有的人就是亚伯拉罕·林肯，因为他把自己奉献给了美国人民。他没有试图把自己的才华和能力出售给最高的出价者。对于他来说，经济的报酬没有任何诱惑力。林肯永远都活在历史之中，因为他想得更多的是他的朋友——所有的同胞都是他的朋友——而不是想着自己的钱袋。正如一个农民把他的种子播种到土地里一样，林肯深深地植根于自己的国家，而他播下的种子带来了多么富饶的丰收啊！他不朽的功勋和业绩将永远在美国历史上熠熠闪光。

给心灵洗个澡

有什么财富能够代替友谊对我们心灵的慰藉呢！有多少百万富翁希望能够拿出他们财产中的一大部分，来换取在疯狂地追逐金钱过程中由于漫不经心而疏离的朋友啊！

守宽恕之道，则心中无魔

天刚破晓，朱友峰居士兴冲冲地抱着一束鲜花及供果，赶到大佛寺想参加寺院的早课，谁知才一踏进大殿，左侧突然跑出一个人，正好与朱友峰撞个满怀，将捧着的水果，撞翻在地，朱友峰看到满地的水果忍不住叫道："你看！你这么莽撞，把我供佛的水果全部撞翻了，你怎么给我一个交代？"

这个名叫李南山的人，非常不满地说道："撞翻已经撞翻，顶多说一声对不起就够了，你干吗那么凶？"

朱友峰非常生气道："你这是什么态度？自己错了还要怪人！"

接着，互相指责的声音就此起彼落。

广圄禅师此时正好从此经过，就将两人带到一旁，问明原委，开示道："莽撞的行走是不应该的，但是不肯接受别人的道歉也是不对的，这都是愚蠢不堪的行为。能坦诚地承认自己过失及接受别人的道歉，才是智者的举止。"广圄禅师接着又说道，"我们生活在这个世界上，必须协调的生活层面太多了，如在社会上，如何与亲族、朋友取得协调；在教养上，如何与师长们取得沟通；在经济上，如何量入为出；在家庭上，如何培养夫妻、亲子的感情；在健康上，如何使身体健全；在精神上，如何选择自己的生活方式，能够如此才不会辜负我们可贵的生命。想想看，为了一点小事，一大早就破坏了一片虔诚的心境，值得吗？”

李南山先说道：“禅师！我错了，实在太冒失了！”说着便转身向朱友峰道：“请接受我至诚的道歉！我实在太愚痴了！”

朱友峰也由衷地说道：“我也有不对的地方，不该为一点小事就发脾气，实在太幼稚了！”

广圄禅师的一席话，终于感动了这两位争强好斗之人。

参禅需修身，守戒当恕人，无争破执是参悟禅慧的入门要求。无善心和气待人纳物者，参禅也是毫无用处。因此，于别人之过，需宽容，切不可念念不忘。

给心灵洗个澡

世间贵在和谐，守宽恕之道，则心中无魔，不生烦恼，不生痛苦。

心宽一寸，路宽一丈

宽容是一种高尚的人格修养，一种“宰相胸襟”，一种大将风度。

唐代娄师德气量超人，当遇到无知的人指名辱骂时，就装着没有听到。有人转告他，他却说：“恐怕是骂别人吧！”那人又说：“他明明喊你的名字骂！”他说：“天下难道没有同姓同名的人吗？”有人还是不平，仍替他说话，他说：“他们骂我而你叙述，等于重骂我，我真不想劳动你来告诉我。”有一天入朝时，因身体肥胖行动缓慢，同行的人说他：“好似老农田舍翁！”娄师德笑着说：“我不当田舍翁，谁当呢？”

清代中期，当朝宰相张廷玉与一位姓叶的侍郎都是安徽桐城人。两家毗邻而居，都要起房造屋，为一块地皮，发生了争执。张老夫人便修书北京，要张廷玉出面干预。这位宰相到底见识不凡，看罢来信，立即作诗劝导老夫人：“千里家书只为墙，再让三尺又何妨？万里长城今犹在，不见当年秦始皇。”张母见书明理，立即把墙主动退后三尺；叶家见此情景，深感惭愧，也马上把墙让后三尺。这样，张叶两家的院墙之间，就形成了六尺宽的巷道，成了有名的“六尺巷”。

要心怀坦荡，宽容他人，就必须做到互谅、互让、互敬、互爱。互谅就是彼此谅解，不计较个人恩怨。人都是有感情和尊严的，既需要他人的体谅，又有义务体谅他人。有了互相之间的谅解，就能清心降火，在任何情况下，都能保持平静的心境和宽厚的品格。互让，就是彼此谦让，不计较个人名利得失。心底无私天地宽，淡泊名利，摒弃私心杂念，自觉做到以整体利益为重，把好处让给别人，把困难留给自己，相互之间的矛盾就容易化解；争名于朝，争利于市，一事当前先替自己打算，对个人得失斤斤计较，是难以与他人和睦相处的。

互敬，就是彼此尊重，不计较我高你低。尊重别人是一种美德，“敬人者，人恒敬之”，尊重别人，自然会获得别人的好感和尊重。如果无视他人的存在，不尊重他人的人格，就不会有知心朋友。互爱，就是彼此关心，不计较品格气质的差异。爱能包容大千世界，使千差万别、迥然不同的人和谐地融为一个整体；爱能熔化隔膜的坚冰、抹去尊卑的界线，使人们变得亲密无间；爱能化解矛盾芥蒂，消除猜疑、嫉妒和憎恨，使人间变得更加美好。

人有一分大度，便有一分气质；人有一分气质，便多一分人缘；人有一分人缘，必多一分事业。虽说大度是天生的，但也可以后天培养。

历史上的成功人士之所以成功，并非他有三头六臂，而是他的肚量比人大！肚量小的人不能容人，人又怎么能容你呢？

有一打油诗云：“占便宜处失便宜，吃得亏时天自知；但把此心存正直，不愁一世被人欺。”有量的人，必定是不会吃亏的啊！

家的窗户脏了。

每一个人都曾经遇到过不少愤世嫉俗的人，或者，你也有过一些看什么都不顺眼、永远觉得命运对自己比较坏的朋友，但在倾听他们的怨言之后，总会发现有句老话说得很妙：可怜之人，必有可恨之处。

看到外面的问题，总比看到自己内在的问题容易些；而把错误怪给别人，也比检讨自己来得容易（检讨自己和责怪自己，又是两回事了），于是，愤世嫉俗的人常从年轻愤怒到老，遇上有人过得好，就想咬他一口，斜视久了你的眼睛看什么都不顺眼。

当你背向太阳的时候，你会只看到自己的阴影，连别人看你，也只会看见你脸上阴黑一片，只拿愤世嫉俗来替代反省自己，对自己的成长是一种最大的耽误。

给心灵洗个澡

每个人都有缺点，正像每个人都有好处一样。如果你只注意别人的缺点，那你就会处处碰到敌人，把自己推向孤立无援的阴暗之中。如果你多注意别人的好处，用同情和仁爱去影响别人，使他能看到自己的缺点，而慢慢改正，你就会处处碰到信赖你、爱着你的朋友，你的生活就会充满温暖、和平与快乐。

少点计较心，多些宽容心

做人不能一点都不在乎，游戏人生，玩世不恭；但也不能太较真，认死理。“水至清则无鱼，人至清则无友。”太认真了，就会对什么都看不惯，连一个朋友也容不下，就会把自己封闭和孤立起来，失去了与外界的沟通和交往。

桌面很平，但在高倍放大镜下就是凸凹不平的黄土高坡；居住的房间看起来干净卫生，当阳光射进窗户时，就会看到许多粉尘和灰粒弥漫在空气当中。如果我们每天都带着放大镜和显微镜去看东西，恐怕世上没有多少可以吃的食物、可以喝的水、可以居住的环境了。如果用这种方式去看别人，世上也就没有美，人人都是一身的毛病，甚至都是十恶不赦的大坏蛋了。

人非圣贤，孰能无过，人活在世上难免要与别人打交道，对待别人的过失、缺陷，宽容大度一些，不要吹毛求疵、求全责备，可以求大同存小异，甚至可以糊涂一些。如果一味地要“明察秋毫”，眼里揉不得沙子，过分挑剔，连一些鸡毛蒜皮的小事都要去论个是非曲直，争个输赢来，别人就会日渐疏远你，最终自己就变成了孤家寡人。

多数人仅仅是在一些小事上较真，比如，菜市场上，人们时常因为几角钱争得脸红脖子粗，不肯相让。至于一台电视2000元和2100元的100元差价，人们经常就会忽略掉，不去较真。

为人处世，应当去除斤斤计较的狭隘心，以豁达的心胸对待人际交往中产生的问题和纠纷。大事化小，小事化了，当一个笑口常开的和事佬，生活就多了几分安宁和祥和。有位智者说，大街上有人骂他，他连头也懒得回，他根本不想知道骂他的人是谁，因为人生短暂而宝贵，还有更重要的事情需要去做，何必为这种令人不快的事情去浪费时间呢?

提倡对某些事情不必太较真，可以“敷衍了事”，目的在于有更多的时间和精力去做我们认为值得干的一些重要事情，这样我们成功的希望就多一分，朋友的圈子就能扩大几分。

给心灵洗个澡

古今中外，凡能成就一番大事业者，无不具有海纳百川的雅量，他们豁达而不拘小节，善于从大处着眼；从长计议而不目光短浅，从不斤斤计较，容别人所不能容，忍别人所不能忍，善于求大同存小异，赢得大多数人的喜爱。

宽容别人的错，净化自己的心

宽容，意味着你已经不再用别人的错误来惩罚自己，也意味着你已经由一个平凡的人升华到一个不平凡的人。

第二次世界大战期间，一支部队在森林中与敌军相遇，激战后，两名战士与部队失去了联系。这两名战士来自同一个小镇。

两人在森林中艰难跋涉，他们互相鼓励、互相安慰。十多天过去了，仍未与部队联系上。这一天，他们打死了一只鹿，依靠鹿肉又艰难度过了几天。可也许是战争使动物四散奔逃或被杀光，这以后他们再也没看到过任何动物。他们仅剩下的一点鹿肉，背在年轻战士的身上。这一天，他们在森林中又一次与敌人相遇，经过再一次激战，他们巧妙地避开了敌人。

就在自以为已经安全时，只听一声枪响，走在前面的年轻战士中了一枪——幸亏伤在肩膀上！后面的士兵惶恐地跑了过来，害怕得语无伦次，抱着战友的身体泪流不止，并赶快把自己的衬衣撕下包扎战友的伤口。

晚上，未受伤的士兵一直念叨着母亲的名字，两眼直勾勾的。他们都以为他们熬不过这一关了，尽管饥饿难忍，可他们谁也没动身边的鹿肉。天知道他们是怎么过的那一夜。第二天，部队救出了他们。

事隔30年，那位受伤的战士安德森说：“我知道谁开的那一枪，他就是我的战友。当时在他抱住我时，我碰到他发热的枪管。我怎么也不明白，他为什么对我开枪？但当晚我就宽容了他。我知道他想独吞我身上的鹿肉，我也知道他想为了他的母亲而活下来。此后30年，我假装根本不知道此事，也从不提及。战争太残酷了，他母亲还是没有等到他回来，我和他一起祭奠了老人家。那一天，他跪下来，请求我原谅他，我没让他说下去。我们又做了几十年的朋友，我宽容了他。”

受伤的士兵明知道是战友伤害了他，但他能看在朋友的分上原谅战友，这是宽容的最高境界，能够在自己生命受到威胁的时候设身处地地去替别人着想，原谅别人对自己犯下的过错，这是一种以德报怨的伟大精神，如此大度的宽容必定会消融所有仇恨，赢得一个充满温馨的世界。

宽容地对待你的对手、仇人，你会感受到退一步海阔天空的喜悦，也能体会到人与人之间化干戈为玉帛、达到心灵沟通的幸福，更会收获对方因自己的宽容而回心转意的欣慰。宽容，也是一个不断超越自己、超越执着的过程，我们愈能宽容，就愈能净化自己，使自己靠近光明。

我们的心灵本是一方净土，怨恨使它成为地狱，而宽容可以把地狱变成天堂。如果我们选择了宽容，那就是选择了天堂。

给心灵洗个澡

学会宽容别人，就是学会宽容自己；给别人一个改过的机会，就是给自己一个更广阔的空间！

学会宽容心灵更自由

宽容是一种高贵的品质、崇高的境界，是精神的成熟、心灵的丰盈。有了这种品质、这种境界，就会变得豁达，变得成熟。

宽容是一种生存的智慧、生活的艺术，是看透了社会人生以后所获得的那份从容、自信和超然。有了这种智慧、这种艺术，就会面对人生，从容不迫。

宽容是一种力量、一种自信，是一种无形的感召力和凝聚力。有了这种力量和自信，就会胸有成竹，获得成功。

宽容是一种仁爱的光芒、无上的福分，是对别人的释怀，也即是对自己善待。有了这种光芒、这种福分，就会远离仇恨，避免危难。

学会宽容，你就不会再为他人的错误而惩罚自己。懂得宽容别人，自己就会心平气和地去处事，不会发脾气，不会与别人发生正面冲突。拥有宽容的态度、豁达的心胸，可以使你优秀而有素养，同时也能感染周围的人群。

原谅那些曾伤害过我们的人，这不是一件容易的事。但是，如果我们这样做了，就会从中体验到宽容的快乐。尽管不顺心的事随时会产生，若能宽容待人、对事，那便拥有了快乐的人生，这难道不是人生的幸事吗？

宽容与豁达是幸福和快乐的保障，如果你只记得对别人的错误斤斤计较，那你必然被束缚在烦躁、忧郁的情绪中；但如果你能忘掉别人的过错，记住别人的恩惠，那你的心中就会充满阳光，你会感觉整个世界都充满了爱。

人有七情六欲，喜怒哀乐是与生俱来表达情感的方式。一个人在世上难免会遇到令人高兴或气愤的事。兴奋的事可以使人心情愉快、精神焕发，并使生活充满希望；而气愤的事往往会使人怒火中烧，可能使人丧失理智，产生令人遗憾的后果。所以，在生活中有些东西需要我们用宽容来对待才会有更多的快乐在等你。

学会宽容，意味着你不会再心存芥蒂，从而拥有一份潇洒的风采。

给心灵洗个澡

当你宽容的时候，你要知道，你并不是给那些曾经伤害你的人带来好处，而是给你自己的心灵增加自由。

有容纳的雅量，心胸会广大

我们阅读历史，看到多少名人圣贤，有时不赞其功业，而赞其雅量。雅量对人生的功名事业至关重要，有雅量的人在为人处世上的表现就是豁达大度。

美国总统林肯在组织内阁时，所选任的阁员各有不同的个性：有勇于任事、屡建功勋的军人史坦顿，有严厉的西华德，有冷静善思的蔡斯，有坚定不移的卡梅隆，但林肯却能使各个性格绝对不同的阁员互相合作。正因为林肯有宽宏的度量，能舍己从人，乐于与人为善。尤其是史坦顿，那种倔强的态度，如在常人，几乎不能容忍，唯有林肯过人的心胸，使得他驾驭阁员指挥自如，使每个阁员都能为国效忠。

成功人士总是豁达大度，决不会因别人的礼貌不周或偶有冒犯而生气动怒，责骂别人。

有一次，柏林空军军官俱乐部举行盛宴招待有名的空战英雄乌戴特将军，一名年轻士兵被派替将军斟酒。由于过于紧张，士兵竟将酒淋到将军那光秃秃的头上去了。周围的人顿时都怔住了，那闯祸的士兵则僵直地立正，准备接受将军的责罚。但是，将军没有拍案大怒，他用餐巾抹了抹头，不仅宽恕了士兵，还幽默地说："老弟，你以为这种疗法有效吗？"这样，全场人的紧张气氛都被一扫而光。

每个人身边可能会有各种各样性格的人，这些人的处世方式、待人方式都不相同，这就需要你有宽宏大量的心胸。

不需多加论证，作为一个理智健全的人，特别是一个希望逐渐完备自己人格的人，总是要有点雅量的。雅量，是衡量一个人成熟与否、修养程度的重要标尺之一。

《尚书》说："一定要有容纳的雅量，道德才会广大；一定要能忍辱，事情才能办得好！"如果遇到一点点不如意，便立刻勃然大怒；遇到一件不称心的事情，立即气愤感慨，这表示没有涵养的力量，同时也是福气浅薄的人。

人难免与十分讨厌的人偶然狭路相逢，尽管有人可以装作很随便的样子，竭力扮潇洒样扬长而去。但很多有雅量的人不会那样去做，而是没有丝毫装模作样地缓缓笑迎着对方漠然的脸孔和布满疑惑的眼神，坦然地擦肩而过。这些人轻松地抹去了粗鲁的伤害与侮辱的阴影，用友好的阳光装满了雅量的酒杯，小抿一口，自是清香浓烈。

当不期而遇的误解、嘲笑等迎面而来时，相信并依靠个人的雅量吧，那是驱逐并能够战胜这一切烦恼和痛苦的忠实朋友。

给心灵洗个澡

人有一分雅量，便有一分气质；人有一分气质，便多一分人缘；人有一分人缘，必多一分事业。

Part07

永葆心灵的平静，淡定的人生最幸福

生活总是不平静的，世界总是不安静的。如果我们的心灵为外界的东西所牵引，失去平静，生活就会失去平和，整个人生品尝着绵绵无尽的焦虑与惶恐、无奈与苦涩、疲惫与怨怒、失落与惆怅，总是郁郁寡欢，终生不得志，总是患得患失，惶恐不安。

面对世界的纷纷扰扰，我们需要保持一份平静淡定的心境。人生既不是想象中的那么好，也不是想象中的那么糟，只要我们达观待之，淡然处之，只要你以一颗平常心去面对，生活仍将是一帆风顺！

一枚失而复得的白金钻戒

夫妻双双都是江南水乡一所中学的教师，二十年从教，观念不旧，物质生活不差，那份质朴不变。

水乡风景诱人。过节，城里亲戚都聚在那家，其中有女主人的侄女——大学刚毕业的银行职员。

亲戚到达的当天侄女打算告辞，临走前她的一只白金戒指怎么也找不着。怕误了班车，女主人说，你先走好了，我帮你找。

侄女走后，主人夫妇陪亲戚撑小船过小桥穿小巷，晃晃悠悠，直到天黑才回。晚饭用毕他们才想起戒指的事。在床底下、沙发缝里、食品柜角找了个遍，没有。想起上午侄女曾花两小时帮着理荠菜，而荠菜皮已与垃圾一起倒掉，便手提节能灯到楼下垃圾箱里翻了个遍，仍没有。

正折腾着电话铃响了，已经回到城里的侄女焦急地询问戒指的下落。女主人说：别担心，肯定在的。并问它值多少钱。侄女说了个数目不少的价，亲戚们都有些不自在起来。女主人仍不紧不慢：在我这儿，不会丢的。

电话挂断，众客人都自告奋勇要帮着彻底寻找，女主人却笑着说：没事的，明天再找。

次日早起，女主人忽地想起什么，从放针线杂物的小抽屉里捣鼓出一样东西，问众人道：莫非是它？

众人凑近看，一个简单的小箍，一粒小小的钻石，式样毫不起眼，却正是那枚白金戒指！

女主人顿时双颊飞红：昨天我倒是个旧窗帘箍呢，随手就扔进抽屉了，害得大家虚惊一场……她带着一脸肇事者的歉疚表情。

她说不会丢失，就真的没有丢失。本来没有丢失，即使一时找不着她也坚信不会丢失。永不丢失的，恰是她对物欲的平静的心。

给心灵洗个澡

心平则欲止，当一个人能做到对任何财物心静如水时，他便不会丧失自己那一份宁静与质朴，快乐与轻松。

关于幸福的N个答案

有位老师曾问她的学生：“你幸福吗？”

“是的，我很幸福。”学生回答。

“经常都是幸福的吗？”老师再问道。

“对，我经常都是幸福的。”

“是什么使你感觉幸福呢？”老师继续问道。

“是什么我并不知道。但是，我真的很幸福。”

“一定是有什么事物才使得你幸福的吧？”老师继续追问着。

“是啊！我告诉你吧！我的玩伴们使我幸福，我喜欢他们。学校使我幸福，我喜欢上学，我喜欢我的老师。还有，我喜欢去教堂，也喜欢主日学校和其中的老师们。我爱姐姐和弟弟。我也爱爸爸和妈妈，因为爸妈在我生病时关心我。爸妈是爱我的，而且对我很亲切。”

老师认为在她的回答中，一切都已齐备了——和她玩耍的朋友（这是她的伙伴）、学校（这是她读书的地方）、教会和她的主日学校（这是她做礼拜之处）、姐弟和父母（这是她以爱为中心的家庭生活圈）。这是具有极单纯形态的幸福，而人们最高的生活幸福亦莫不与这些因素息息相关。

老师又向一群少年、少女提出过相同的问题，并且请他们把自认为“最幸福的是什么？”一一写下来。他们的回答益发令人觉得感动。这是他们的回答：

“有一只雁子在飞，把头探入水中，而水是清澈的；因船身前行，而分拨开来的水流；跑得飞快的列车；吊起重物的工程起重机；小狗的眼睛……”

以下则是少女们对于“什么东西使她们幸福”的回答：

“倒映在河上的街灯；从树叶间隙能够看得到红色的屋顶；烟囱中冉冉升起的烟；红色的天鹅绒；从云间透出光亮的月儿……”

虽然这些答案中并没有充分表现出完整性，但无疑却存有某些宇宙美的精华。

给心灵洗个澡

想要成为幸福的人，重要的秘诀便是：拥有清澈的心灵，可以在平凡中窥见浪漫的眼神，以及单纯的精神。

“幸福谷”富人的财产清单

很多知足者都拥有一颗年轻的心，也因此，他们更容易获得幸福，拿破仑·希尔在其《满足》一文中，对满足与幸福有如下描述：

全世界最富裕的人住在“幸福谷”。他富有历久不衰的人生理想，富有他所不能失去的东西，这些东西能给他提供满足、健康、宁静的心情和内心的和谐。

下面是他的财产清单，它们本身说明了他是怎样获得这些财产的：

“我获得幸福的方法就是帮助别人获得幸福。”

“我获得健康的方法就是生活有节制，我仅仅吃维持我的身体健康所必需的食物。”

“我不仇恨任何人，不嫉妒任何人，而是热爱和尊敬全人类。”

“我从事我所热爱的劳动，我还把游戏同劳动相结合，因此我很少感到疲劳。”

“我每天祈祷，不是为了更多的财富，而是为了更多的智慧，用以认识、利用、享受我所已经拥有的大量财富。”

“我不使用辱骂的语言。”

“我不要求任何人的恩赐，只要求我有权把我的幸事分享给那些需要帮助的人。”

“我和我良心的关系良好，因此它总是指导我正确处理一切事情。”

“我所拥有的物质财富多于我的需要。因为我清除了贪婪之心。我只需要在我有生之年能用于建设的那部分财富。我的财富来自分享了我的幸事而受益的那些人。”

“我所拥有的‘幸福谷’的资产当然是不赋税的。它主要以无形财富的形式存在于我的心里，这种财富无法估量价值，也不能被占用，除去那些能接受我的生活方式的人。我用了一生的时间，努力观察自然的规律，形成了遵循自然规律的习惯，从而创造了这种财产。”

给心灵洗个澡

“幸福谷”中的人的人生信条是没有版权的。这些信条也能给你带来智慧、宁静和满足。

心远地自偏，而无车马喧

钱钟书先生把婚姻比作围城，城里的人往外挤，城外的人往里挤。其实人生又何尝不是如此呢？身居繁华都市的人，往往追求寂寞平静的田园生活；而身在林深竹海的乡人，却又很是向往灯红酒绿的都市生活。

其实，平静是福，真正生活在喧嚣吵闹的都市中的人们，可能更懂得平静的弥足珍贵。与平静的生活相比，追逐名利的生活是多么不值得一提。平静的生活是在真理的海洋中，在争流波涛之下，不受风暴的侵扰，保持永恒的安宁。

心灵的平静是智慧美丽的珍宝，它来自于长期、耐心的自我控制。心灵的安宁意味着一种成熟的经历以及对于事物规律的不同寻常的了解。

环境影响心态，快节奏的生活，无节制的对环境的污染和破坏，以及令人难以承受的噪声等等都让人难以平静，环境的搅拌机随时都在把人们心中的平静撕个粉碎，让人遭受浮躁、烦恼之苦。然而，生命的本身是宁静的，只有内心不为外物所惑，不为环境所扰，才能做到像陶渊明那样身在闹市而无车马之喧，而有了所谓的“心远地自偏”。

一个人如果能丢开内心的烦忧，就能在喧闹的环境中体会到内心的平静。

有一个小和尚，每次坐禅时都幻觉有一只大蜘蛛在他眼前织网，无论怎么赶都不走，他只好求助于师父。师父就让他坐禅时拿一支笔，等蜘蛛来了就在它身上画个记号，看它来自何方。小和尚照师父交代的去做，当蜘蛛来时他就在它身上画了个圆圈，蜘蛛走后，他便安然入定了。

当小和尚做完功一看，却发现那个圆圈在自己的肚子上。原来困扰小和尚的不是蜘蛛，而是他自己，蜘蛛就在他心里，因为他心不静，所以才感到难以入定，正像佛家所说："心地不空，不空所以不灵。"

平静是一种心态，是生命盛开的鲜花，是灵魂成熟的果实。平静在心，在于修身养性，平静无处不在，只要有一颗平静之心。追求平静者，便能心胸开阔，不为诱惑，坦荡自然。

给心灵洗个澡

平静是一种幸福，它和智慧一样宝贵，其价值胜于黄金。真正的平静是心理的平衡，是心灵的安静，是稳定的情绪。

随遇而安，淡定随缘

三伏天，禅院的草地枯黄了一大片。“快撒点草种子吧！好难看啊！”小和尚说。

“等天凉了。”师父挥挥手，“随时！”

中秋，师父买了一包草籽，叫小和尚去播种。

秋风起，草籽边撒、边飘。“不好了！好多种子都被吹飞了。”小和尚喊。

“没关系，吹走的多半是空的，撒下去也发不了芽。”师父说，“随性！”

撒完种子，跟着就飞来几只小鸟啄食。“要命了！种子都被鸟吃了！”小和尚急得跳脚。

“没关系！种子多，吃不完！”师父说，“随遇！”

半夜一阵骤雨，小和尚早晨冲进禅房：“师父！这下真完了！好多草籽被雨冲走了！”

“冲到哪儿，就在哪儿发芽！”师父说，“随缘！”

一个星期过去了。原来光秃的地面，居然长出许多青翠的草苗，一些原来没播种的角落，也泛出了绿意。

小和尚高兴得直拍手。

师父点头：“随喜！”

随不是随便，是顺其自然，不怨愤、不躁进、不过度、不强求。

懂得了这一点，我们才能挺起刚劲的脊梁，找到充满希望的起点。

一个人的性格，往往在大胆中蕴涵了鲁莽，在谨慎中伴随着犹豫，在聪明中体现了狡猾，在固执中映出坚强。羞怯会成为一种美好的温柔，暴躁会表现一种力量与激情，但无论如何，豁达开朗，淡定随缘，对于任何人，都会赋予他们一种完美的色彩。

落英在晚春凋零，来年又灿烂一片；黄叶在秋风中飘洒，春天又焕发出勃勃生机。这何尝不是一种达观，一种洒脱，一份人生的成熟，一份人情的练达。

懂得了这一点，我们才不至于在生活中求全责备，才不会在受挫之后彷徨失意。

面对生活的无奈，我们可以一切随缘，豁达对待。

给心灵洗个澡

随遇而安不是玩世不恭，更不是自暴自弃，而是一种洒脱美丽的人生态度。

保持平常心，坦然面对人生

两个不如意的年轻人，一起去拜望师傅：“师傅，我们在办公室被欺负，太痛苦了，我们都不想干了。”师傅闭着眼睛，隔了半天，吐出三个字：“平常心。”就挥挥手，示意年轻人下去。回到公司，一个就递上辞呈，回家种田；另一个静下心来，埋头工作。转眼间十年过去了，回家种田的以现代方法经营，成了农业专家；另一个留在公司的也不差，他忍着气，努力学，渐渐受到器重，成了经理。有一天，两个人向师傅汇报自己的成就，师傅仍然闭着眼睛，隔半天，吐出三个字：“平常心。”

饥来则食，困来即眠。既平常又不平常，同平常，仍与常人一样，饿了就吃，困了就睡，高兴就笑，伤心就悲；不同平常，使生命更加真诚、清澈，了无心机，随缘而往，不矫揉造作，不怨天尤人。其行为心境平常又不平常，不平常又平常。

常听人说一夜无眠。其实，只因想得太多，不肯入睡罢了。

生活总不是一帆风顺的，也正因如此，我们的生活才有滋有味，才多姿多彩。顺境时，我们懂得享受生活，知道这是生活赋予我们的财富；逆境时，我们却往往惊慌失措，像一叶迷航的孤舟，靠不了岸。其实，一时处在顺境之中，不意味着永远一帆风顺；一时处在逆境之中也不意味着永远没有出头之日。关键看你怎样面对。

面对失败和挫折，平常心是一种乐观、自信，然后重整旗鼓，这是一种勇气；

面对误解和仇恨，平常心是一种坦然、宽容，然后保持本色，这是一种达观；

面对赞扬和激励，平常心是一种谦虚、清醒，然后不断进取，这是一种力量；

面对烦恼和忧愁，平常心是一种平和、释然，然后努力化解，这是一种境界。

面对这些种种经历，只要你勇于面对，达观待之，不耽于梦想，不被它左右。只要你拥有一份平常的心态去面对，生活将是一帆风顺！

既然这一切都必须面对，我们为什么不用平常心来面对呢。用平常心面对，事情才会像往常一样进行下去！用平常心面对，做事情才会坦然、轻松！

给心灵洗个澡

如果我们对待工作、学习和生活，以及为人处世之道，皆以一颗平常心，少些烦琐，少些计较，那么，我们的乐土就在脚下。

心知足，常得乐

有一个天使，送信的时候在人间睡着了。醒来后，她发现翅膀被偷走了。没有翅膀的天使，能力比普通人还要小。她又冷又饿，来到一个牧羊人家门口。

天使对牧羊人讲述了自己的遭遇，牧羊人很同情天使，就让天使吃饱了饭，还给她穿上暖和的衣服。

牧羊人说："你即使不是天使，我也会给你一顿饭吃的。不过，你如果还想吃下顿饭，就得自己出力了。"

天使开始跟着牧羊人学放羊。

天使每天收集梳理一些落下的羊毛，日积月累，她为自己织了一对羊毛的翅膀，在牧羊人目瞪口呆的注视下飞走了。

过了几天，天使前来答谢牧羊人，问他要什么。

牧羊人说："让我增加100只羊吧。"

羊群增加了100只，牧羊人比过去更累了。他找到天使，请她把羊变回去，为自己盖一所大房子。牧羊人在大房子里住着，发现到处是灰尘，打扫不过来，于是，他用房子换了一匹马。牧羊人骑在马背上，但不知要到什么地方去，就把马还给了天使。

天使问："你还要什么？"

牧羊人回答："什么也不要了。"

天使说："人们都有很多理想，你难道没有吗？"

牧羊人回答："愿望实现之后，我才知道，我不需要这些东西，它成了我的累赘。"

天使说："那么，我送你一样无价之宝吧，就是性格。你想有什么样的性格？"

牧羊人说："我已经有了这样的性格，那就是知足。"

读完这个小故事，你是不是也一样明白了知足是一件无价之宝。可是我们往往不把这件宝物当宝用，很多的时候，我们总是对它不屑一顾，结果我们总是被无休止的愿望缠绕，搞得身与名俱灭。

知足者常乐。所谓知足，是种平和的境界。所谓常乐，是一种豁达的人生态度。是说这个人懂得取舍，也懂得放弃，更懂得适可而止。而不是说这个人安于现状，没有追求、没有目标。

人们追求的名、权、利皆是过眼云烟，生不带来死不带走的东西，不应该把它们看得太重。世界上没有十全十美的人和事，知足可以让自己活得更加轻松，知足可以给他人少添很多的麻烦……

给心灵洗个澡

知足者常乐。困境中知道寻求比上不足比下有余的平衡，从而满足自己的现状；珍惜自己的拥有，远离欲望的烦恼；品味人生的快乐，保持精神愉快，情绪安定，乐而忘忧。做到这些，你就是一个幸福的人。

感受孤独，享受寂寞

无论古人今人，也无论圣贤凡人，每个人的一生中，或多或少都曾有过孤独寂寞的体验。寂寞或者是一种情绪，或者是一种感觉，或者是一种心境。寂寞不一定仅仅是孤独、是苦涩、是迷失、是怅惘、是伤感，它也还是宁静、是悠远、是美丽、是洒脱、是含蓄。

梁实秋先生说过："寂寞是一种清福。"寂寞可以让人感觉到一种空灵悠逸的境界，所谓"心远地自偏"，在这种境界中，我们可以在脱离尘世的喧嚣，在越来越狭小的思想空间里，任思绪尽情飞扬，任想象自由翱翔，让忧伤透彻沉默，让痛苦在此发光。

寂寞产生的缘由是多方面的，在越来越喧闹的尘世中，人们却越来越孤独，才情被泯灭，个性被消枯，爱情永远不知足，友谊脚步蹒跚，希望感到疲倦，创造与智慧分了手，只剩冷酷与死寂……寂寞的表现形式有两种：一种是写在脸上，一种是藏在心里；一种是精神贫乏者的寂寞，一种是精神富有的寂寞；一种是形体的、外在的、浅表的，一种是隐藏的、内在的、深层的。前者是因为他们不能或无法理解别人的许多思想和情感，后者是因为他们自己有很多的思想和情感体验得不到共鸣，不能被他人所理解。

寂寞并不与交往抵触，孤独或许是一种财富。有些人常常在热闹中寂寞，那是一种无法言传的苦衷；有些人常常在寂寞中热闹，那是彻底表达的孤独，寂寞是一种自由的境界，智慧的境界，超凡脱俗的境界，也是交错着痛苦的为人境界。

真正意义上的寂寞是一种文化底蕴的体现，含蓄、隽永；是一种理性有层次的思考，深刻、清醒；是一种精神领域的探求，睿智、通达。寂寞到了深处就不会把它挂在嘴边，而只是淡淡的一句“天凉好个秋”，便蕴涵了所有的意境，而不是无病呻吟，作茧自缚，人为地做出各种痛苦状。

明月是寂寞的，洒向大地的依然是清辉一片；流星是寂寞的，陨落的瞬间依然有灿烂相随；空谷中的幽兰是寂寞的，她却不因此而减退芳华；峭壁上的青松是寂寞的，她却并不因此而衰老苍翠。这也许是“身是菩提树，心如明镜台。时时勤拂拭，勿使惹尘埃”与“菩提本无树，明镜亦非台。本来无一物，何处惹尘埃”之间的差异吧。

感受寂寞是一门学问，也是一门艺术，寂寞有时候也是一种快乐的体验；懂得寂寞，才会享受寂寞，寂寞才会是一种清福。在物欲横流的今天，人们已很难静下心来寻找自己的那一片心灵净土，更谈不上探求存在与生命的意义，寻找精神圣洁的家园，领悟寂寞时的深沉意蕴。没有寂寞的体验，做人也许是残缺的。所以，给自己一方寂寞的天地，给自己一个精神的家园，感悟寂寞，享受寂寞。

学会了让心灵习惯于孤独，才能够让生命享受寂寞。人生可承受的是生活之重，不可承受的是生命之轻！

给心灵洗个澡

孤独寂寞是心灵的一种高度。它是主观与客观相和谐的洒脱与从容，它不仅包括成功之后唯我独尊的亢奋，还应该有挫折之后的超然和成熟。

孤独寂寞是一壶酒，点点滴滴，有人沉醉，迷失自己，也有人告别萎靡，扬帆再起；孤独寂寞是一粒米，无时无刻必须具备。做生活的有心人，从孤独寂寞中感受五味人生。

修一颗禅心，让心灵回归宁静

有一位虔诚的佛教信徒，每天都从自家的花园里采撷鲜花到寺院供佛。一天，当他正送花到佛殿时，碰巧遇到无德禅师从法堂出来，无德禅师欣喜地说道："你每天都这么虔诚地来以香花供佛，依经典的记载，常以香花供佛者，来世当得庄严相貌的福报。"

信徒非常欢喜地回答道："这是应该的，我每天来寺礼佛时，自觉心灵就像洗涤过似的清凉，但回到家中，心就烦乱了。我是一个家庭主妇，如何在喧嚣的城市中保持一颗清净纯洁的心呢？"

无德禅师反问道："你以鲜花献佛，相信你对花草总有一些常识，我现在问你，你如何保持花朵的新鲜呢？"

信徒答道："保持花朵新鲜的方法，莫过于每天换水，并且于换水时把花梗剪去一截，因花梗的一端在水里容易腐烂，腐烂之后水分不易吸收，就容易凋谢！"

无德禅师道："保持一颗清净纯洁的心，其道理也是一样，我们的生活环境像瓶里的水，我们就是花，唯有不停净化我们的身心，变化我们的气质，并且不断地忏悔、检讨、改进陋习、缺点，才能不断吸收到大自然的食粮。"

有首古诗写道：“但愿此心春长在，须知世上苦人多。”现实中真的是有许多人感到自己活得很辛苦，生活中没有一点乐趣。正因为世人心中无“春”，所以才无快乐可言。

常常为了生存而四处奔波，因为竞争残酷而备受煎熬，因为前途渺茫而心烦意乱，当我们被种种思绪所困扰和束缚内心的时候，不妨静下来，放松一下心情，调节一下情绪，修炼一颗禅心。

修炼一颗禅心，就是让心灵回归宁静，让浮躁、不安、忧虑的情绪得以平静恬淡。处乱不惊，遇事冷静，才是成熟的态度。拥有了闲适与恬淡，你就拥有了快乐与幸福。

人生就像坐车，要经受各种未知的颠簸，有的人能从容自信地欣赏到窗外的风景，怀着激情享受和驾驭生活；而有的人即使是一路平稳，也常常会坐卧不安，无故地搅乱了原本清静的心。

所以，让心得以宁静，淡定地直面人生的挑战，才不会大喜大悲，轻松从容地游刃于巅峰和波谷之间。

给心灵洗个澡

淡定的人生没烦恼。如何做到内心的淡定？先要修炼一颗禅心，让心灵得以宁静。不急不躁，心清如水，简单生活，就不会因外物的迷惑和杂念而让心灵迷失。

淡泊的心灵，富有的人生

一个人需要以清醒的心智和从容的步履走过岁月，他的精神中必定不能缺少淡泊。虽然我们渴望成功，渴望生命能在有生之年划过优美的轨迹，但我们更需要的是一种平平淡淡的快乐生活，一份实实在在的成功。这种成功，不必努力苛求轰轰烈烈，不一定要有那种揭天地之奥秘，救万民于水火的豪情。只是一份平平淡淡的追求，足矣！

生活，并不是只有功和利。尽管我知道我们大家必须去奔波赚钱才可以生存，尽管我知道生活中有许多无奈和烦恼。然而，只要我们拥有一份淡泊之心，量力而行，坦然自若地去追求属于自己的真实。能做到宠亦泰然，辱亦淡然，有也自然，无也自在，如淡月清风一样来去不觉，生活，不是要轻松得多吗？

有了这份平淡的处世心态，你就会在简简单单的生活中快乐地生活。我们大可不必为了一个出国名额而彻夜不眠，大可不必为一次职位的晋升而寝食难安。在平日忙碌而充实的生活中，忙便有所收获；岗位平凡但乐在其中；斗室而居，但衣食自足。你普通，普普通通如一棵草；你平凡，平平凡凡如一朵花，但你同样可以骄傲，默默绽放的花朵也会芳香怡人！

也许，你没有辉煌的业绩可以炫耀，没有大把的钞票可以挥霍，但你拥有淡泊，这是人生求之难得的幸福了。诸葛亮有言：“非淡泊无以明志，非宁静无以致远。”淡泊是一种真我，是人生本色。追求淡泊者，生活的道路上永远开满鲜花，永远芳香四溢；追求名利者，生活的道路上会遍布陷阱，只能在生命终结的一刹那体会到稍众即逝的一丝快乐。

学会淡泊，拥有淡泊吧！学会和拥有了它，你就能在当今社会愈演愈烈的物欲和令人眼花缭乱、目迷神惑的世相百态面前神宁气静，你就会抛开一切名缰利锁的束缚，在人生的大道上迈出自信与豪迈的步伐，让心灵回归到本真状态，从而获得心灵的充实、丰富、自由、纯净！

给心灵洗个澡

人生的大戏不可能永远处于高潮，平平淡淡才是真，拥有淡泊之心，便能拨云见日，体会到生活的真正内涵，否则，只能在生活的边缘徘徊，只能是舍本逐末。

宠辱不惊，看庭前花开花落

《幽窗小记》中有一副对联：宠辱不惊，看庭前花开花落；去留无意，望天上云卷云舒。我们都很喜欢这副对联。它的意思是说，为人做事能视宠辱如花开花落般平常，才能不惊；视职位去留如云卷云舒般自然，才能无意。

一副对联，寥寥数语，却深刻描绘出了人生对事对物、对名对利应有的态度：失之不忧、得之不喜、宠辱不惊、去留无意。这样才可能心境平和、淡泊自然。“看庭前”三字，大有躲进小楼成一统，管他春夏与秋冬之意，而“望天上”三字则又显示了放大眼光，不与他人一般见识的博大情怀；一句云卷云舒更有大丈夫能屈能伸的崇高境界。与范仲淹的“不以物喜，不以己悲”实在有异曲同工之妙，更颇有魏晋人物的旷达风流。

宠辱不惊，去留无意，说起来很容易，做起来却是十分地困难。我们都是凡夫俗子，红尘的多姿、世界的多彩令大家怦然心动，名利皆你我所欲，又怎能不忧不惧、不喜不悲呢？否则也不会有那么多的人穷尽一生还要追名逐利，更不会有那么多的人失意落魄、心灰意冷了。我国古代的贬官文化即是此明证。这关键是你如何对待与处理的问题。首先，要明确自己的生存价值，“由来功名输勋烈，心底无私天地宽。”如果心中没有太多的私欲，又怎么会患得患失呢？其次，认清自己所走的路，得之不喜，失之不忧，不要过分在意得失，不要过分看重成败，不要过分在乎别人对你的看法。只要自己努力过，奋斗过，做自己喜欢做的事，按自己的路去走，外界的评说又算得了什么呢？陶渊明式的魏晋人物之所以如此豁达风流的原因，就在于淡泊名利，不以物喜，不以己悲，才可以用宁静平和的心境写出那洒脱飘逸的诗篇来。这正可谓真正的宠辱不惊、去留无意。将这一精神发挥到极致的是唐朝的武则天。死后立一块无字碑，千秋功过，留与后人评说。一字不着，尽得风流。这正是另一种豁达，另一种宠辱不惊、去留无意。

给心灵洗个澡

只有做到宠辱不惊、去留无意才能心态平和，恬然自得，才能达观进取，笑对人生。生亦欣然，死也无憾。花落花开，水流不息。我兮何有，谁欤安息。明月清风，不劳牵挂。

Part08

放飞心灵的风筝，让生活快乐地舞蹈

没有最好的生活，只有最好的设计。生活轻松快乐与生活劳累烦闷的感觉，大半是由自己营造出来的。繁忙的工作之余，疲惫的生活间隙，要记得给心灵放个假，放飞心灵的风筝。

垂钓河边，让劳碌的身心重新获得宁静；畅游泳池，洗去一身的疲惫；听一曲美妙的音乐来舒解绷紧的心弦；流连于水墨丹青，顿忘烦恼、陶冶性情；投身于大自然中，呼吸清新的空气，涤荡都市的浊气……放飞心灵，让所有的烦恼烟消云散，让熄灭的热情重新点燃，让生活呈现别有风味的美丽！

年轻的心却永远不会磨损

时光飞逝，但我们不能让自己的心境变老。当年惊世骇俗的麦当娜在40岁时有过一番惊人之论。她表示说虽然生理年龄40岁了，但是她却认为自己必须减5岁，实际上是35岁才对！

她的理由有四个：当年与西恩潘的婚姻，可说是有一整年是浪费掉的，因此必须减去一岁。她与女喜剧演员珊德拉·班哈特为争女儿而翻脸，因此两年的友情算是空白，又要减两岁。接下来是她曾经演出过大烂片《赤裸惊情》，所以这一年也不能算。最后是演出《狄克崔西》时与华伦比提的恋爱谣传，那一年等于是浪费她的生命，因此必须要减掉那一年。

如此推算下来，果然她又多了五岁！真的可以理直气壮地再年轻一次了！

想想看，你是否也有些岁月是浪费掉，需要重过的？花了五年时间爱错了一个男人？减掉五岁吧！因为失恋而消沉了一年？减掉一岁！花了两年时间做了一个不喜欢的工作，减掉两岁！这样算下来，你是不是又年轻了几岁？时间对你再也不是压力了！你是不是又可以重新开始尝试崭新的生活？你是不是又有勇气另起炉灶了？

时间是供我们垂钓的溪流，在这条溪流中，我们想要抓住星星、月亮或鱼群、水草，完全掌握在我们的手中。汩汩的河水流逝了，年轻的心境却永远不会磨损。

法国思想家蒙田说：“我宁愿有一个短促的老年，也不愿在我尚未进入老年期就老了。”

给心灵洗个澡

好好掌握自己的生命，只要心情永远不衰老，你就永远有机会重新开始，永远能够另起炉灶！

学会与压力共舞

现代社会是一个充满压力的社会。每个人都在压力中生存，差别仅是压力的大小和对压力的反应而已。压力可以说是与我们相伴一生，如果不能和压力好好相处，压力就会成为我们人生成功的绊脚石，让我们疲惫或失望，失去生活的兴趣。

近来，因为压力而引起的各种不良反应诸如焦虑、忧虑、愤怒、过劳等精神疾病正在困扰着越来越多的人，成为社会关注的焦点。根据世界卫生组织（WHO）统计，北美地区因压力所付出的代价每年超过2000亿美元，其中在美国因为压力所造成企业的损失就超过300亿美元，在英国由于压力所耗损的产值占了国民生产总额（GNP）的3.5%强。

研究压力对人类身心影响最有名的加拿大医学教授赛勒博士曾说："压力是人生的香料。"他提醒我们，不要认为压力只有不良影响，而应转换认知和情绪，多去开发压力的有利影响，本来人类在其一生中，就是无法摆脱压力。

既然无法逃避压力，就要学习与压力共处，若无法和平相存，甚至克服压力来获得回馈，则可能导致各种身体与精神疾病，天天受到压力的折磨，不仅对工作人员及家庭生活造成伤害，同时也导致企业生产力和竞争力下降，甚至无可弥补的损失。

首先，应该学会缓解压力，最有效的方法就是在你面前摆一把椅子，想象给你带来压力的一方就坐在椅子里。然后对着“他”说出你长期以来的想法和感受。在对方不在场的情况下讲出你的愤怒，这样可以释放被压抑的能量，使你思维变得清楚，排解心中的毒素。

其次，还应该学会控制自身对压力的反应，增加心理的承受能力，减少外界压力带来的伤害。如果因某种自身不可改变的事物给自己造成压力，这种方法是减轻伤害的最好途径。

应根据自身的条件和现实的环境，制定切实可行的人生目标。一个好的目标会使人奋发努力，积极进取，并体验到成功的喜悦；反之，如果目标脱离现实，完全没有实现的可能，肯定会遭遇到重重困难，并使人产生挫败感。要善于消除不良情绪。人作为社会成员之一，不可避免地会遇到各种挫折和打击，会产生诸如愤怒、悲伤、恐惧等各种消极情绪。遇到这种情况，应采取一定的方式宣泄这些不良情绪，如倾诉、抗争、转移注意力等，应尽量减少采用否认、退缩等方式解决矛盾。

最后，如果某种压力已经给自己造成心理伤害，自己又无法排解，这时一定记着去寻求心理帮助，千万不可让它郁积于心，否则后果不堪设想。

给心灵洗个澡

社会生活节奏的加快、日趋激烈的竞争和永无止境的欲望，使人们承受着越来越重的压力，既然压力无可避免，那么就让我们与压力共舞吧！

累时抬头看看天

耶稣说："人不能只靠面包过活，你的心灵需要比面包更有营养的东西。"你有多久没有唱歌，没有到大自然中走一走，没有读诗？是啊，对有着极大工作压力，繁重的生活负担，无余的生存现状的现代人来说，我们有多久没有关照过我们日益憔悴的心灵了？

其实，每天忙忙碌碌工作的人，并不见得就不能洒脱。关键是要在忙中求闲，苦中见乐，紧张中求轻松。只要你学会享受生活，学会体验生活的快乐，世间一切皆美好。

或许，在某一个夏日的午后，你一觉醒来突然发现，由钢筋水泥簇拥而起的高楼将狭长的影子倾覆在熙熙攘攘的街道上，空中纵横的电线密如蛛网，偶尔栖落的几只可爱的小麻雀，远远望去，如活蹦乱跳的音符，透过喧嚣，竟给人以一种恬淡澈明的美妙。

在这样一个美丽的午后，你何不走出去，带着自己的心灵一起散步，带着自己的心灵一起看看天呢？

是的，抬头看看天吧，朋友，看看苍穹云卷云舒，你会发现，你的心灵从来没有这么惬意过！看看头顶上的那片天，浮云逍遥地飘在广阔的苍穹，似奔马，似群羊，似高山，似游丝。好白的云，好美的云，就在我们的头顶上，悄然无声地上演着一幕幕精彩绝伦的剧目。

你肯定会慨叹：生活中原来有这么美的天空，生活中原来有这么美的云彩！可是，为什么你的步履总是那么匆匆，你的鞋子总是蒙着一层细土，你的履底无缘阅读洁白美丽的云朵？你的心遗忘在何处了？你的眼睛在追逐着什么？你为什么从来没有发现头顶上这片可供心灵散步的青天？

仔细阅读头顶上的这片天吧，你的答案就在其中，天上的云彩，最能明白你水一般的心境！

给心灵洗个澡

你相信吗？在这个喧嚣的世界里，有许多事情真的并不比抬头看天更重要。在你心灵的天空上，开着那么多上帝来不及采摘的花朵。

偷得浮生半日闲

你是不是常常为了生存而四处奔波？你是不是因为竞争残酷而备受煎熬？你是不是因为前途渺茫而心烦意乱？朋友，不妨静下来，耐心地坐一会儿，放松一下心情，调节一下情绪，进入全新的工作或学习的状态。

闲适，是指心灵的宁静和情绪的平静。恬淡，指的是处乱不惊的沉着和遇事冷静的平和。拥有了闲适与恬淡，你就拥有了快乐与舒曼。

如果在现今繁杂沉重的社会重压下想更好地生活，心绪必须时时平和恬淡、安宁悠闲。这种恬淡与闲适不是老庄的“无为”，不是脱离现实世界，也不是消极避世，而是自我创建一片心灵的乐土，适时的自我调解和自我放松。

寻三五志同道合者，利用双休或节假日，跋山涉水，融入大自然，宠辱皆忘，物我合一，其乐陶陶。密树幽林，崎岖险径，清溪静泉，飞瀑流涧，几声鸟鸣，几声猿啸，几只野兔悠然奔跑，几头小鹿追逐嬉戏，七八伐木护林工人辛勤工作，四五牧童牛背笛箫……得遇此境，置身自然，将灵魂尽皆托付与她，大自然用母亲般的胸怀接纳我们，于是乎心灵中的污垢随微风的吹拂而游移，随溪泉的流淌而过滤，留下深情，任你神思品味，哪里还有烦恼可言？

与琴棋书画为伍也是追求闲适的好方法，喜好音乐者，可随手弹吟哼唱，大自然的各种声音便在琴瑟笛箫中悠悠流动。喜好下棋者，找一两个棋友，对弈厮杀，围魏救赵、釜底抽薪、海底捞月、丢车保帅，仿佛置身沙场的大将，又如运筹帷幄的军师，整盘棋局尽在掌握之中。爱好读书，则会时时与先贤古人会话，与其同荣共辱，或拍案而怒，义愤填膺，或摇首叹息、痛断肝肠。得古人之恩，学今人之道，古今中外的人物尽现唇齿之间。爱好艺术的人，可体味王羲之洗砚、吴道子作画，可欣赏达·芬奇的《蒙娜丽莎》，自我愉悦，自得其乐。

现在，闲暇时可以上上网，打开聊天工具，既可以和老朋友打场招呼，也可以找几个陌生人随便神吹胡侃一通。也可以下载几首爱听的歌曲，边欣赏边看网络文学；也可以看看网上电影，也可以玩一会儿网络游戏。当然，要适可而止，不要过度。只要自己喜欢，同样可以获得闲适的心情，拥有闲情雅致。

“白日放歌须纵酒，青春做伴好还乡。”除网吧外，各种其他的吧也是放松身心的好去处。

“万里长江横渡，极目楚天舒……今日得宽余。”当然，有意识地参加户外活动和体育锻炼也是很好的休闲方式。

给心灵洗个澡

我心已闲，物我两忘，心神怡悦，何忧之有？

给心灵放个假

没见过一个发条永远上得十足的表会走得长久；没见过一个马力经常加到极限的车会用得长久；没见过一个绷得过紧的琴弦不易断；也没见过一个心情日夜紧张的人不易病。所以善用表的人永不把发条上得过足；善驶车的人永不把车开得过快；善操琴的人永不把琴弦绷得过紧；善养生的人永不使心情日夜紧张。

第二次世界大战时，丘吉尔到北非蒙哥马利行辕去闲谈时，蒙哥马利说："我不喝酒，不抽烟，到晚上十点钟准时睡觉，所以我现在还是百分之百地健康。"丘吉尔却说："我刚巧跟你相反，既抽烟，又喝酒，而且从不准时睡觉，但我现在却百分之二百地健康。"很多人都引为怪事，以丘吉尔这样一位身负两次大战重任，工作繁忙紧张的政治家，生活这样没有规律，何以寿登大耄，而且还百分之二百地健康呢?

其实只要稍加留意就可知道，他健康的关键，全在有恒的锻炼，轻松的心情。他既抽烟，又喝酒，且不准时睡觉则不足为训。你没见他在战事最紧张的周末还去游泳吗？没见他在选举战白热化的时候还去垂钓吗？没见他刚一下台就去画画吗？没见他那微皱起的嘴边上，斜插着一支雪茄的轻松心情吗?

我们不妨学着丘吉尔那样给自己的心灵放个假吧！也许我们

不可能做到丘吉尔的完美，但只要学到一半，就可以得到百分之百的健康。

生活中，遵循以下的要诀，时不时地给自己的心灵放个假，让心灵变得轻松起来。

使心灵轻松的第一要诀是“知止”。“知止”于是而心定，定而后能静，静而后能安，静而且安，心灵还有什么不轻松的呢?

使心灵轻松的第二要诀是“谋定后动”。做任何事情，要先有个周密的安排，安排既定，然后按部就班地去做，能应付自如，不会既忙且乱了。在这瞬息万变的社会里，当然免不了也会出现偶发事件，此时更要沉住气，详细地安排。事事都要谋定后而动，就一定像谢安那样在淝水之战最紧张时还能闲情逸致地下棋。

使心灵轻松的第三要诀是不做不胜任的事。《史记》的《酷吏列传》里有“胜任愉快”一词，合理至切。假如你身兼八职，顾此失彼；或用非所长、心余力绌，心灵又怎能轻松呢?

使心灵轻松的第四要道是“拿得起，放得下”。对任何事都不可一天24小时地念念不忘，寝于斯，食于斯。否则，不仅于身有害，且于事无补。

使心灵轻松的第五要诀是在轻松心灵下工作。工作尽可紧张，但心灵须轻松。在你肩负重担的时候，千万记住要哼几句轻松的歌曲。在你写文章写累了的时候，不妨高歌一曲。要知道心灵越紧张，工作越做不好。

一个口吃的人，在他悠闲自在地唱歌时，绝不会口吃；一个上台演讲就脸红的人，在他与爱人谈心时一定会娓娓动听。要想身体好，工作好，就一定要在轻松的心灵下工作。

使心灵轻松的第六要道是多留出一些富余的时间。好多使我们心灵紧张的事，都因为时间短促，怕耽误事。若每一样事都多打出些时间来，就会不慌不忙，从容不迫了。最好的办法就是把自用表拨快一个相当的时间。时时刻刻用表面上的时间警惕自己，如此则既不误事，又可轻松。

给心灵洗个澡

很多医学家都告诉我们在轻松的心情下吃东西容易消化；在紧张的心情下吃东西容易得胃病。一个心情经常轻松的人沾枕头就睡着；一个心情经常紧张的人容易失眠；一个永远从容不迫的人准能长寿；一个紧锁眉头经常紧张的人定会早亡。给心情放个假，你便会时时感到快乐，无忧无虑。

放飞心灵的风筝

在人来人往的世界里，你可曾拥有快乐自在？在你争我夺的国度里，你是否依旧怡然自得？在尘世喧嚣中，你的心灵是否压抑得太久了？

不要苦了自己的心灵，让它放飞吧，让它同风筝一样在自由的国度里想怎样飞就怎样飞吧！

在繁忙的工作之余，在难得的假日里，在晴朗的天空下，放飞自己的心灵风筝吧！

你瞧，天空如此澄碧，白与蓝协调地搭配成一片美丽的风景。近处是深蓝色，很清纯；远处是淡蓝色，很淡雅。美丽的云朵很俏皮，一会儿靠近我们的风筝说悄悄话，一会儿又跑得远远的，把风筝抛在后面。

风筝放飞的是我们的心情。久居高楼中压抑的心情终于能在空中自由地劲舞，恣意享受着驰骋的快乐。感受着温暖的风伴着漂亮的风筝扶摇上升，快乐就犹如七彩烟花在空中绽放，透明的心境也随之在蓝色的天空尽情闪烁。朋友，我们好惬意，不是吗？

风筝放飞的是我们的梦想。在钢筋混凝土筑成的空间里，我们被搁置已久的梦想，终于能同心情一块儿上路了。让它飞吧，自由自在地飞吧！脚踏茵茵青草，头顶湛蓝天空，梦想怎能不飞呢？

风筝放飞了我们的情感。在这样风和日丽的日子，且让我们把美丽的情愫系于风筝之线，让它在广阔深情的天空下洗礼得更加圣洁。

放飞一只心灵的风筝，让它在美丽的蓝天下尽情飞翔，让美丽的天空不再空荡；放飞一只心灵的风筝，让它在湛蓝的天空里愉快欢唱，让我们的世界不再孤寂；放飞一只心灵的风筝，让它在心灵的城堡里快乐尽舞，让我们的生活不再烦闷枯燥。

放飞一只心灵的风筝吧，朋友，这只心灵的风筝能穿越光怪陆离的霓虹与灯红酒绿，穿越红尘沉浮的大悲大喜！

是啊，让它飞吧！

给心灵洗个澡

不管你现在处境有多么糟糕、多么烦、多么坎坷，也要让心飞翔起来。也要让心飞翔起来，所有的烦恼和痛苦就会随风飘散，生活中的一切都会变得轻快起来！

爱上游泳，洗去一身的疲惫

游泳是一种人人喜欢的运动方式，也是一种很好的放松方式。如果你学过游泳的话，你会记得最初总是在水中胡乱拍打、挣扎，即使你努力去学，但似乎没有什么成就。后来，忽然之间你放松了自己，正是此时，你发现自己学会游泳了。

工作之余，不妨到游泳馆去释放一天的压抑，缓解身心的疲劳。水是有灵性的，它可以洗去你浑身的灰尘，也可以冲走心中的不畅。如果你心情烦闷，那你就使出全身力气，快速往前游，在喘息中把不快释放到水中；如果你生活有压力，那就来个仰泳，让自己浮在水面，把压力放到身下；如果你过得很惬意，那就来个自由泳。

如果你是个初学者，那你首先应该学一点游泳的常识，准备一些必需品。游泳的用具相对简单，包括泳衣、泳帽、泳镜、耳塞、浮漂和鼻夹等。合适的泳衣对游泳很关键，泳衣过大，容易兜水，加大身体的负担和游泳中的阻力。这和生活是多么的相像啊！生活中要有适合自己的追求，不能贪高，也不能走低，贪高则会有失落感，走低则可能大材小用。

泳帽可以防止头发散乱，保护头发。同时，还有利于池水卫生。泳镜和耳塞都是为防止眼耳进水，避免引发相关炎症。泳镜还可帮助初学者纠正在水中不敢睁眼的毛病。浮漂是初学者应自备的救生工具，使用前要做好检查工作，看是否漏气，以防止发生事故。

抽筋是游泳中时常发生的事情，游泳时间过长，水中用力过大，都容易引起抽筋。这时游泳者首先要保持镇静，一边呼救，一边自救。发生抽筋时，应上岸休息，并注意身体保暖，以防止再抽筋，可适当地补充些盐水。这似乎也和生活中类似，烦恼是生活中常有的事，日子过久了，谁还没有个心烦的时候，这时不妨也采取抽筋时的处理方法，暂时离开令人心烦的地方，到别处散散心。

初学游泳时，除了掌握一些游泳方法外，还应该大胆下水尝试，站在岸上永远学不会游泳，只能成为一个“理论家”。正如塞姆·斯里克所说：“不要站在岸上胆战心惊，大胆跳到水里，你就可以游过去。”生活中不能害怕困难而拒绝走向社会，正如同游泳时不能害怕被水淹而不敢下水一样。上帝有时会把人放在深水里，生性胆小的人认为上帝存心淹死他，于是就不采取任何自救的方式，无声无息地沉入生命的终点。而自信的人却认为上帝给他一个游泳的机会，于是他放开身心去搏击，最后，他成为生活的弄潮儿，也成了上帝的宠儿。

游泳不仅让人放松身心，还能教人许多生活中学不到的东西，当你感到劳累疲惫时，不妨到游泳馆去待上一会儿，哪怕是一小会儿。你带着疲惫与烦恼走进去，等你出来时就会感到无事一身轻，而把不快全扔到游泳池中了。

给心灵洗个澡

塞姆·斯里克曾说：“不要站在岸上胆战心惊，大胆跳到水里，你就可以游过去。”如果你还害怕游泳，那么从今天起就不要害怕了吧！

钓翁之意不在鱼

整日生活在嘈杂的环境里，很容易让人身心疲惫、心烦气躁，让人增加心理负荷，从而有碍身心健康，诱发胃溃疡、高血压、心脏病、脑血管等多种病症。所以，我们应该工作休闲两不误，在工作的同时，不忘给心情一个放松的机会。如果放长假，时间允许，你可以选择去远足，但如果忙里偷闲，那最好选择钓鱼，这既不会让你太过劳累，又能让你消除紧张的精神状态，使你恢复良好的心境。

钓鱼活动有动有静，动静结合，静可以养神，可以让人放松心情，心平气和，使心灵得到陶冶，动则可以养形，让人舒展筋骨，锻炼身体。钓鱼时，手握鱼竿，独坐在钓鱼台前，不需费尽心思，专等“愿者上钩”即可，这种意境，让人心旷神怡，生活中的一切烦恼，早已抛到脑后，心情会一下子豁然开朗。所以说，钓鱼可谓是修身养性，防治疾病和增强体质的最佳运动方式。坚持垂钓，不但可以陶冶性格，培养耐性，调剂生活，消除疲劳，还能让人重新燃起生活的勇气，和战胜困难的信心，让人以旺盛的精力，充沛的体力再次投入工作和学习中去。

钓鱼不仅可以让人忘却烦恼，放松身心，而且可以锻炼心性。脾气急躁者钓不得鱼，因为他们耐不得寂静；心胸狭窄者钓不得鱼，因为身旁的人钓到鱼会让他们嫉妒，让他们心中起波澜；贪婪吝啬者钓不得鱼，因为他们只想钓到更多更大的鱼，而不想下大鱼饵，他们满脑子是鱼，最后却钓不到鱼。真正的钓鱼高手，是不为钓鱼而钓鱼的人，他们图的是个过程，是种体验，正所谓“钓翁之意不在鱼”。不管是姜太公垂钓、还是诸葛亮、罗斯福和达尔文在余暇时去钓鱼，都不是仅为了吃鱼，而是为了修炼身心，为了松弛一下紧张情绪和有意磨炼毅力和耐力，为了静心休养。

整日奔波劳苦的你，不妨离开繁忙的都市，到郊外觅个好去处，呼吸着新鲜的空气，欣赏大自然的景色，于和风暖日之中，执杆垂钓，亲身体验一下张志和《渔歌子》诗中“西塞山前白鹭飞，桃花流水鳜鱼肥，青箬笠、绿蓑衣，斜风细雨不须归”的垂钓意境，一定会让你流连忘返；而在垂钓时的全神贯注，静观水面鱼漂的沉浮动静，定会倍感心旷神怡，别有一番情趣，也大有益于你的身心健康。

给心灵洗个澡

人生如同钓鱼，每次都满怀欣喜地抛出手中的钩，并不见得都有收获，但心中总会有钓到鱼儿的希望，经得起鱼漂的上下沉浮，把握好手中的这根鱼竿，快乐面对每一天！

用音乐抚慰疲惫的心灵

音乐是一种听觉艺术，是一种人类共有的语言。它来源于生活，为我们的情感服务。科学研究证明：听适合的音乐，可以优化人的性格，平稳人的情绪，提高人的修养品位，甚至有养生保健、延年益寿的神奇功效。

医学专家通过大量的研究证明，人类需要通过音乐来抒发自己的感情，并从中受益。音乐可以调节人体大脑皮层的生理机能。提高体内生物的活性，调节血液循环和活化神经细胞。另外，音乐会使人体的胃蠕动更有规律，能够促进机体新陈代谢，增强抗病能力。

在医学上有一个著名的“莫扎特效应”：当你听一曲莫扎特之后，你的大脑活力将会增强，思维更敏捷，运动更有效，它甚至可缓解癫痫病人等患神经障碍的病人的病情。研究者证明，在IQ测试中，听莫扎特的受试者得分比其他人更高。

音乐是起源于自然界中的声音，人与自然息息相关，所以音乐对人的精神、脏腑必然会产生相应的影响。音乐主要是通过乐曲本身的节奏、旋律，其次是速度、音量、音调等的不同而产生疗效的差异。

德国科学家马泰松致力于音乐疗法几十年，在对爱好音乐的家庭进行调查后注意到，常常聆听舒缓音乐的家庭成员，大都举止文雅，性情温柔；与低沉古典音乐特别有缘的家庭成员，相互之间能够做到和睦谦让，彬彬有礼；对浪漫音乐特别钟情的家庭成员，性格表现为思想活跃，热情开朗。他由此得出结论说："旋律具有主要的意义，并且是音乐完美的最高峰。音乐之所以能给人以艺术的享受，并有益于健康，正是因为音乐有动人的旋律。"

听音乐是一种心情，不同的心情听不同的乐曲。当心情不好时或闲着无事的时候，一个人静静听音乐。那种幽静与迷情的感觉像把心带离了这喧嚣的尘世，置身于大自然的怀抱里，感受云淡风轻，闭上眼睛，隐藏在内心深处的情感在音符的排列中，如清澈的溪流缓和而安静地淌过。一种淡淡的感动随之而来，浮躁的心渐渐回归平静。

圣人孔子就非常爱听音乐，他自称是"余音绕梁，三月不知肉味"。既然音乐有这么多用处，不妨在工作之余，茶余饭后，戴上耳机，听一曲柔美舒缓的音乐，让身心在优美动听的节奏中彻底放松。

给心灵洗个澡

烦恼时听听音乐，能重新燃起生活的热情，唤起人们对美好生活的回忆和憧憬，使人心理趋于平静，心绪得到改善，精神受到陶冶。

复了。

作画可以让人沉浸其中，观画可以让人宠辱皆忘，愉悦身心，获得一个美好心境。在现代快节奏的生活中，不妨在家中挂上几幅清丽典雅的字画，在闲暇之余细细品味，可让人赏心悦目，获得一份清净，于身心健康十分有利。

给心灵洗个澡

有人说："生活使我闷闷不乐，它让我度过平淡的人生。"其实不是这样，生活中的乐趣完全是由自己去打造的。喜欢水墨丹青的朋友们，不妨让自己静下来画一幅画吧！

让心灵诗意地栖居

诗是什么？诗是人们用简洁明快的语言，对生活的表达。诗是诗人的生活感悟，是诗人的人生心得，是诗人心灵的描述。读史可以让人知古今，读诗不但可以让人知今，而且可以让人明事理，可以让人陶冶情操，涤荡心胸。

诗有古诗和新诗之分。古诗讲究精练，贾岛曾“吟安一个字，捻断数根须”，人生也需要精练；新诗讲究哲理，“路之值得赞美，在于它不站起来要做纪念碑”，诗人韦苇的诗句充满了深邃的哲理内蕴，人生本身就充满哲理，生活本身就是一首诗，一首值得让人读一生的诗。

好诗不在于语言，过于优美的语言，过于华丽的辞藻，反而有附庸风雅之意，让人有束缚感。朴素的文字，平常的语言，同样可以写出动人的诗篇。“如果你嘴里含满了食物，你怎么能歌唱呢？如果你手里握满金钱，你怎能举起祝福之手呢？”这是纪伯伦的诗句，语言质朴之极，却有着鞭辟入里的力量。

意与理是诗的艺术魅力所在，读诗重在体味诗中别有用心的意境以及启人心智的哲理。诗意并不在字，《小窗幽记》中说：“人有一字不识，而多诗意。”意思是说诗意不在文字，那么诗意在哪里呢？就藏在人的心中。最好的诗是用心来读的，如果一日常的烦乱生活，遮蔽了心灵的声音；人生的生存秩序——结婚、生子、柴米油盐等等淹没了心灵的身影。

人之一生，咸也好，甜也好；苦也好，乐也好；得也好，失也好，最要紧的是不要忘了随时掬一捧清水，给自己的心灵洗个澡，洗涤自己的灵魂，滋润自己的生命。我们应当在烦恼众生的生活中，用淡泊宁静的心河，用澄清明净的心泉，冲刷如山的欲望，涤尽如尘的烦扰。

给心灵洗个澡，让心空清丽，走过心灵的沧桑，将心灵的空间留给拂面的清风，润物无声的细雨，鲜艳绚丽的花朵，明媚灿烂的阳光……可我们并没有丝毫占有的贪欲，也没有一点点的内心烦恼。我们只是想让心灵和它们一样快乐，一起美丽，为自己和他人的幸福锦上添花！

给心灵洗个澡，洗去心灵的尘埃，还自己一个清丽的心空，还自己一片心灵的净土。